낯가림의 재능

낯가림의 재능

내향인에 대하여

김상민 에세이

!

프롤로그

편견과 오만

한번은 하고 넘어가야 하는 이야기가 있다. 의무도, 당위성도 없지만 누구에게나 그런 이야기 하나씩은 있기 마련이다. 내게는 내향인으로 살아온 삶이 그러하다. 마음이 안으로 향하는 사람의 시간과 그 위에 새겨진 흔적들은 내 일부이자 전체이고, 진실이자 오해였으며, 좌절감이자 자부심이었다. 동시에 내가 품은 고유한 결이었다. 특별할 것 없는 인생에서 유일하게 자리하는 고유한 삶의 무늬. 내향의 결은 생각을 문장으로 옮기는 내게 오랜 숙제와 다름없었다. 그렇기에 이 말을 처음 꺼내기까지 숱한 고민의 밤이 필요했다.

"내향인에 대해 써보려고요."

2년 전 오랜 지인과 함께한 술자리였다. 무수한 고민 끝의 결심이었기에, 그리고 선뜻 다음 책에 대해 말할 수 있는 사이였기에 내 기대는 분명했다. 놀라움을 곁들인 응원, 어떤 내용일지 궁금해하는 호기심, 벌써 읽어보고 싶다는 호들갑 정도. 사실 반응도 준비해뒀다. 손사래 치며 민망해하고, 부담 없이 쓰고 있으니 나중에 책 나오면 편히 읽어달라며 허허 웃어 보일 참이었다. 물론 사회인 김상민이 아닌 내향인 김상민의 속마음은 달랐다. 손사래 치며 몹시 좋아하고, 부담감에 잠 못 이루며 쓰고 있으니 나중에 책 나오면 한 줄 한 줄 살뜰히 읽어주길 바랐다. 그런 겉과 속의 괴리 때문이었을까? 돌아온 반응은 예상과 꽤 어긋나 있었다.

"네가 내향인이라고?"

친구의 얼굴은 오묘했다. 형이 왜 거기서 나오는지 의아해하는 정형돈의 표정, 거기에 입만 벌리면 거짓말이 자동으로 튀어나오냐는 김수미 선생님의 표독스러움도 섞여 있었다. 반대로 내 얼굴은 화끈거렸다. 인간관계에서 마주하는 15만 8,000번째 실망에 입술을 잘끈 깨물었다. 하지만 고도로 사회화된 내향인답게 이내 평정을 되찾았다. 비록 입으로는 웃고 눈으로 욕하는 '불쾌한 골짜기'의 A.I적 미소였으나 나름의 최선이었다.

물론 그럴 수 있다. 마케터라는 내 직업을 생각하면, 사람들 앞에 서서 이야기하는 모습이나 팟캐스트에 출연했던 나를 보면 그리 생각할 수 있다. 더군다나 주말마다 온갖 공연과 페스티벌에 출근 도장을 찍던 나였기에 충분히 오해할 만하다. 머릿속에 떠오른 드립을 참지 못하며 살아온 30년 근속 키보드워리어의 삶 또한 단단히 한몫했을 것이다.

그러나 세간의 시선과 달리 나의 정체성은 확고하다. 수천수만 번 의심하고 나 자신에게 되물었음에도 끝내 도달한 곳은 한결같다. 편안함을 느끼는 순간과 한시라도 빨리 탈출하고 싶던 순간들을 번갈아 떠올리자 답은 더 명확해진다. 사회생활용 가면을 벗고 침대에 널브러질 때 드러나는 안온한 표정에서, 약속이 취소되는 순간 콧노래를 부르며 치킨을 주문하는 손놀림에서, 팬데믹 이전부터 4인 이상 모임과 철저히 거리두기를 해온 일상의 모습에서 내향, 외향의 갈림길 중 내가 어느 쪽인지는 너무도 분명하다.

물론 그러거나 말거나 오해는 계속된다. 돌아보면 내 MBTI가 I로 시작한다는 사실에 화들짝 놀란 게 그 사람만은 아니었다. 누군가는 내 평소 모습을 열거하며 반박했고 어떤 이는 네가 왜 내향인이냐며 조목조목 따졌다. 그때마다 '내가 보는 나'와 '네가 보는 나' 사이의 오해를 체감한다. 정확히는 심연에 있는 나와 가장 얕고 가볍게 전시되는 나 사이의 거리감을 깨닫는다. 내향인으로서 힘겹게 삶을 살아내는 나와, 먹고살기 위해 온갖 가면을 쓴 나 사이의 간극을 경험한다. 광활하게 느껴지는 그 거리감이 지금부터 시작할 이야기의 출발점이었는지도 모르겠다.

'내향인', 이 세 글자와 마주할 때 사람들은 몇몇 이미지를 떠올린다. 말하기보단 듣는 데 익숙한 사람, 무리에 잘 섞이지 못하고 겉도는 사람, 혼자 있는 걸 즐기고 사람 만나길 부담스러워하는 사람, 수줍고 숫기 없고 우울함에 쉬이 빠지는 사람. 물론 이 모든 게 틀렸다거나 내향인과 무관하다는 말은 아니다. 다만 사람들이 그리는 내향인의 이미지를 한데 모으면 필요 이상의 교집합이 존재한다. 지나치게 일반화된 시선 앞에서 내향인은 매번 당황하기 일쑤다. 게다가 그 또렷한 초점 중 일부가 종종 환영받지 못함을 알고 있기에, 각자 본연의 모습을 숨긴 채 쓸쓸히 미소 짓는다. 그리고 생각한다. 내향의 기질은 내 삶에 드리운 일종의 저주 아닐까.

하지만 그건 저주이면서 재능이기도 하다. 재능이 '타고난 재주' 그리고 '훈련으로 얻은 능력'을 합친 단어임을 생각하면 더 그럴듯하다. 낯선 얼굴 앞에서 호기심보다 두려움을 먼저 떠올리는 천성 반대편에는 경험으로 축적된 신중함이 자리해 있다. 잘 모르는 사람 앞에서 쉽게 떨어지지 않는 말주변은 자연스레 단어와 문장을 빚는 훈련으로 이어진다. 밤마다 쏟아지는 생각의 괴로움은 더 예민하고 섬세한 감정선을 만들어낸다. 이처럼 사람과 세상을 향한 낯가림은 우리를 힘겹게 하는 빌런이자 끝내 자기다움을 완성시키는 조력자다. 낯가림의 재능을 가진 이들에게는 분명 그들만이 구축할 수 있는 세계가 존재한다. 여러분이 지금 손에 쥔 이 책 또한 낯가림의 재능으로 그려나간 마음의 도면이자 삶의 궤적이다.

내향인의 특성을 학술적 태도로 나열할 생각은 없다. 내가 이러니 모두가 이럴 거라는, 게으른 일반화도 경계한다. 그건 무한에 가까운 내향인의 다양성을 무시하는 오만이다. 또 내 미니멀리즘 그릇으로는 그런 대표성을 감당하기 두렵다. 지금부터 시작할 이야기는 외향인의 삶을 유일한 정답으로 맹신하다 미소 잃고 '외향관' 고친 누군가의 기록이다. 대표성을 가지지도, 그럴 마음도 없는 한 개인의 이야기지만 가장 사적인 기록이 가장 보편적인 언어로 닿았으면 하는 얄팍한 바람이다. 동시에 편견을 경계하고 오만하지 않겠다는 다짐이다. 한때 오만과 편견에 사로잡혔던 영국의 미스터 다아시를 반면교사 삼는, 서울 성수동의 미스터 아자씨가 새기는 약속이다.

차례

혼자가 아니라는 마음

01

잘 알지도 못하면서

텍스트 러버, 콜 헤이러

인생 영화를 꼽는다면 한 자리는 〈비포 선라이즈〉의 몫이다. 사랑의 시작을 이토록 아름답게 그린 작품을 살면서 또 만날 수 있을까. 영화는 한 손에 경계심, 다른 한 손에 호기심을 쥔 두 남녀의 대화만으로 전개된다. 영화적 우연이 개입하거나 비일상적인 사건이 벌어지지도, 알고 보니 어릴 때 헤어진 남매였다는 세기말적인 반전도 없다. 대신 어떤 사랑 영화에서도 느낄 수 없는 묘한 간지러움이 있다. 그건 닭살 돋는 대사 때문이 아니라 이 영화 특유의 일상성에서 비롯된다.

〈비포 선라이즈〉는 우리의 평범한 삶에서 가장 영화적이었던 순간을 소환해낸다. 그리고 그때의 우리 얼굴을 주인공인 제시와 셀린에게 투영하게 한다. 특히 영화의 도입부, 두 사람이 처음 서로를 인지하는 장면은 일상적 터치의 절정이라 할 만하다. 아직 안 본 분도 있을 테니 소개하고 넘어가는 게 좋겠다. 맞다. 친절을 가장한 영업이다. 스포라 할 만한 내용은 아니니 안심해도 좋다.

영화는 기차 안 어느 부부의 말다툼으로 시작된다. 갑작스런 소란에 옆자리에 앉아 있던 셀린은 떠밀리듯 몸을 옮긴다. 도망쳐 온 자리 건너편에는 제시가 앉아 있다. 셀린은 제시, 아니 책을 읽고 있는 제시를 힐끔 바라본다. K-멜로였다면 시원하게 줌 한 번 당기고, 애절한 BGM이 깔리겠지만 이건 그런 류의 영화가 아니다. 아무 일도 벌어지지 않은 채 셀린은 후다닥 짐 정리를 끝내고 새 자리에 몸을 기댄다. 이번에는 제시가 셀린을, 아니 골똘히 책을 읽는 셀린을 본다. (역시나 BGM은 흐르지 않는다.)

그렇게 한참을 바라보던 제시가 먼저 시덥잖은 이야기를 건넨다. 가볍게 오간 티키타카만으로도 둘은 이상한 기운을 감지한다. 오래된 연인의 포옹처럼 미묘하게 들어맞는 대화가 이어진다. 의식하지 못하는 사이 둘은 점점 서로의 세계에 발을 담근다. 그러고는 어떤 계획도 확신도 없이 함께 비엔나에서 내리기로 한다. 영화사에서 가장 위대한 3부작 중 하나로 꼽히는 비포 시리즈의 서막이다.

불과 몇 분 전까지 둘은 서로의 존재조차 알지 못했다. 그렇다면 갑작스레 끌리게 된 계기는 무엇이었을까? 물론 바로 떠오른 답은 두 사람을 연기한 배우가 20대의 에단 호크와 줄리 델피라는 사실. 비포 선라이즈를 꿈꾸며 유레일패스를 끊었으나 선라이즈 때부터 미드나잇까지 어떤 일도 벌어지지 않았던 나의 과거가 이를 증명한다. (나와 같은 피해자가 한둘이 아님을 알게 됐을 때, 이 영화가 유레일 그룹의 은밀한 PPL 아니었을까 하는 합리적 의심이 고개를 들었다.) 그렇다고 '여러분! 결국 모든 건 얼굴입니다. 우리 다음 생애를 노려봅시다'로 결론지을 순 없으니 (정확히는 그럼 이 글도 여기서 끝나야 하니) 정지용 시인이 그랬듯 두 손바닥으로 얼굴을 가리고 눈은 감기로 한다.

그럼 결국 대화 아닐까. 특히 처음 나누는 몇 마디만으로 상대방이 나와 같은 세계의 사람인지, 울타리 밖의 존재인지 구분하려 드는 나로선 지금도 두 손바닥으로 얼굴을 가린 채 연신 고개만 끄덕이고 있다. 제시와 셀린은 미국과 프랑스라는 각자의 배경만큼 극명하게 다른 사람들이었다. 그러나 그 다름을 흥미롭게 볼 줄 아는 이들이기도 했다. 둘의 대화는 평행선을 달리면서도 그 궤적이 하나의 움직임을 이룬다. 그렇게 러닝타임 내내 제시와 셀린이 만들어가는 언어의 합은 마치 왈츠의 춤사위처럼 한없이 유려하다.

다만 한 가지를 더하고 싶다. 서로가 서로를 처음 인지하는 시선에 자리했던 소품이자 이 영화가 사랑의 시작을 가장 이상적으로 그렸다고 보는 이유, 바로 책이다. 물론 영화 속에서 책이 사랑의 직접적인 계기로 언급되거나 중요한 장치로 조명되지는 않는다. 그러나 책을 좋아하는 사람이라면 처음 둘 사이에 흐르는 미묘한 시선을 감지했을 것이다. 제시가 셀린을, 셀린이 제시를 처음 발견한 순간, 둘의 시선은 은근슬쩍 각자의 책으로 향한다. 아마 두 사람 모두 비슷한 생각을 떠올리지 않았을까.

'저 여자(남자), 나와 같은 부류의 사람이구나.'

서로를 향한 첫 질문이 읽고 있던 책이라는 것 또한 소소한 확신에 힘을 보탠다. 대화의 시작이 손에 쥔 책에서 비롯된다니. 왠지 모르게 몸이 배배 꼬인다. 과민성대장증후군 때문이 아니다. 내게는 너무도 이상적인 동시에 도발적인 관계의 시작이라서다. 나는 책 앞에서 모두가 솔직해진다고 믿는다. 검색창 앞에서는 누구도 거짓말하지 않는 것처럼 책을 고를 때도 마찬가지다.

지금 쏟고 있는 관심의 방향에 따라 손에 쥐는 책이 달라진다. 그래서 지금 어떤 책을 읽냐는 질문을 종종 받을 때면 나의 오늘이 궁금하다는 말처럼 들려 괜히 부끄럽다. 만약 그러한 질문을 마음에 드는 사람이 건넨다면 나의 생각 열차는 또 한 번 폭주를 넘어 탈선 위기에 처할 것이다. 이토록 매혹적인 질문을 처음 만난 제시와 셀린은 과감히 서로에게 건넨다. 대답 대신 셀린은 조지 바타이유의《마담 에드와다》를, 제시는 킨스키의《내게 필요한 건 사랑뿐》의 표지를 멋쩍게 내보인다. 우리는 그 장면에서 두 사람의 현재를 어떤 대사보다도 선명하게 알 수 있다.

사실 나도 비슷한 부류에 가깝다. 멋지고 예쁜 사람들 얘기를 하다 은근슬쩍 나를 끼워 넣는 게 참 뻔뻔하다 싶은데, 아니 그래도 사실은 사실이니까. 가령 여행 중 비행기 옆자리에 앉은 사람이 책을 읽고 있으면 자연스레 눈이 간다. 이건 어떻게 해보려는 수작과는 무관하다. 지극히 인간적인 호기심이자 동질감이다. 여행을 떠나며 책을 가져오는 사람, 그 책을 캐리어에 쑤셔 넣지 않고 굳이 들고 타서 펼쳐 읽는 사람. 지금과 같은 유튜브 전성시대에 느릿느릿 행간을 읽어 내려가는 모든 이에게 애정 어린 눈길을 보낸다. 우리가 같은 세계에 살고 있다는 조심스런 믿음은 덤이다.

내게 책은 어릴 때부터 이어온 취향이자 성향이다. 동시에 내향인으로서의 정체성이기도 하다. 나는 텍스트 애호가적 면면이 내향인의 교집합 중 하나라 믿는다. '내향인' 하면 흔히 떠올리는 이미지가 홀로 골똘히 책 읽는 모습이란 점도 우연은 아닐 것이다. 한자리에서 무언가를 읽는다는 건 내향인에게 아주 익숙하면서 편안한 상태이며 생각으로 가득한 내향인의 머리에 윤활유를 칠하는 정비의 시간이다.

그래서인지 내향인은 책뿐 아니라 모든 종류의 텍스트를 사랑하는 듯 보인다. 우리는 활자로 그득한 세계 앞에서 지루함보다 호기심을 먼저 떠올린다. 내향인의 연애에서 가장 가슴 벅찬 순간 역시 스킨십보단 사랑하는 이의 글자로 새겨진 편지 한 통과 마주할 때다. (물론 스킨십도 좋아합니다.) 숨 쉴 틈 없이 쏟아지는 영상보단 군데군데 여백이 있는 텍스트 속에서 안도의 한숨을 내쉰다. 문장과 문장의 거리, 문단과 문단의 사이를 사유와 상상으로 채우고 정서적 풍요로움을 만끽한다. 그렇게 내향인은 텍스트라는 운동화를 신고 생각의 운동장을 마음껏 뛰논다.

그러나 하하 호호 뛰노는 우리의 발걸음은 종종 예상치 못한 소리에 멈춰 선다. 어린 시절이라면 밥 먹으라고 다그치는 엄마의 목소리였겠지만 지금은 그보다 더 냉소적이고 차가운 음성이다. 빌런의 정체는 바로 전화벨. 전화벨이 울리는 순간 내향인의 평화로운 정적은 산산조각 난다. 유유자적하는 평화로운 그린벨트에 전화라는 불도저가 들이닥친다. 가끔은 폭력적으로 느껴지는 굉음에 맞서 겨우 휴대폰을 잡아 든다. 모르는 번호는 몰라서, 아는 번호는 이 사람이 왜 전화를 했나 싶어 불안이 치민다. 머릿속으로 안 받아도 되는 이유들을 궁리한다. 하지만 도망친 곳에 낙원 따윈 없다는 말처럼 과감히 맞서기로 한다. 굳건한 마음과 달리 찝찝한 손길로 통화 버튼을 터치한다. 눈앞에 닥칠 통제 불능의 상황을 상상하니 벌써 식은땀이 난다. 제발 무탈히, 무엇보다 짧게 끝나길 바라며 통화 아이콘을 꾹 누른다.

많은 내향인이 전화를 어려워한다. 아니 두려워한다. 솔직히 끔찍하게 무서워한다. 통제가 불가능하다는 전화의 본질 때문일 것이다. 일단 말을 뱉으면 주워 담을 수 없다는 사실이 내향인의 예민함을 더 날카롭게 한다. 사람 만나길 부담스러워하는 내향인에게 전화는 그보다 더 현기증 나는 일이다. 상대방의 표정을 읽을 수도, 맥락을 파악할 정보 또한 전무하다는 건 내향인에게는 눈 가리고 외나무다리 건너는 일과 다름없다.

약간이라도 정돈해서 보내는 카톡과 달리, 전화로는 매번 설익은 언어들을 어쩔 수 없는 마음으로 내보낸다. 마음속에 있던 컨펌 안 된 단어와 문장들이 입 밖으로 뛰쳐나갈 때 내향인은 한없이 불안에 떤다. 두서없이 쏟아낸 말 사이사이에는 어김없이 아쉬움의 문장들이 하나둘 존재한다. 그 말은 하지 말걸, 아니 그 말은 할걸, 아니 그 말은 이렇게 할걸. 안 그래도 자책과 후회가 전공인 우리인데 전화학개론 교수님은 그러거나 말거나 매번 과제를 내주신다. 아니, 내가 교수님 수업만 듣는 줄 아시나…. '사회생활 속 생존 원리' '찌질과 후회의 역사' 교양 과목으로 '선 넘는 인류에 대한 고찰'

까지 20학점 꽉꽉 채워 듣는데 말이지.

물론 모든 내향인이 애독가는 아닐 것이다. 책과 친하지 않다 하여 내향인 공인 자격증이 박탈되거나 일정 독서량을 채운 뒤 갱신해야 하는 것도 아니다. 반대로 전화 기피 현상을 내향인의 전유물로 볼 수도 없다. 요즘에는 아예 전화공포증(call phobia)이라는 이름으로 스마트폰 시대 새로운 형태의 대인기피증으로 조명되고 있다.

다만 내향인 기저에 깔린 소통에 대한 간절함은 분명하다. 직관보단 비유, 직설보단 돌려 말하는 데 익숙한 내향인이라 더욱더 커뮤니케이션에 품을 들인다. 카톡 한 줄 한 줄에 영혼을 담고, 메일의 첫인사를 어떤 말로 시작할지 고민하고, 보내기 버튼을 누르기 전 혹시 말실수한 게 없는지 읽고 또 읽기를 반복한다. 오해하지 않고, 오해받지 않고, 상처 주지 않고, 상처받지 않고, 마음과 감정을 적확하게 전하고픈 마음에 단어와 문장에 집착한다. 동시에 전화라는 예측 불허의 상황에서 의도치 않은 뾰족함에 찔릴까 염려한다.

이 글은 앞으로 전화 말고 카톡으로 연락해달란 선언이 아니다. (물론 그렇게 해주시면 감사하긴 하다.) 내향인뿐 아니라 수많은 콜 헤이러가 사실은 누구보다 더 소통하고 싶어 하는 사람들이라는 대변이다. 비슷한 고민을 하는 사람이 몇몇은 있을 거라 생각하며 전하는 고백이다. 물론 이 와중에 먼저 전화하겠다는 말은 차마 못 하고 있단 게 웃프긴 한데, 그럼에도 간절함이 잘 전해졌기를 빈다.

만약 이상하리만치 소통이 어려웠던, 특히 수화기를 사이에 둔, 소통에 서툰 누군가가 떠오른다면 부디 오해를 덜어주셨으면 한다. 미리 카톡으로 '지금 이런 저런 일로 얘기하고 싶은데 통화 가능해?' 정도의 매너를 보여준다면, 내향인은 '오늘은 또 곳간 어디를 털어 이 사람에게 모든 걸 바칠까' 행복한 고민에 빠질 것이다. 혹시 지인 중에 나를 떠올린 이가 있다면 언제든 편히 연락하셔도 좋다. 여러분 생각과 달리 마음의 문을 활짝 열어두고 늘 빼꼼히 고개 내밀며 기다리는 중이다. 그러니 마음 편히 카톡 주세요. 전화는… 카톡 주세요.

생각은 하는 게 아니라 나는 것

쉬이 잠들지 못했다. 또다시 찾아온 불면의 밤. 시작은 이유 없이 떠오른 얼굴 하나, 정확히는 그에게 던진 말실수였다. 그때 난 왜 그랬을까. 만약 그날로 돌아갈 수 있다면 뱉은 말을 주워 담아 어떤 문장으로 대신해야 할까. 기억의 장면 위에 수정 테이프를 덧바르고 몇몇 단어를 썼다 지운다. 아무짝에도 쓸모없는 상상이라는 걸 잘 알면서도 깊은 밤 기억의 퇴고는 계속된다. 자다 말고 이게 무슨 궁상인가 싶었지만 그러거나 말거나 심야의 과몰입 열차는 이미 출발 신호를 알렸다.

우선 내 앞으로 그를 불러 앉힌다. 장소는 지금도 생생한 학교 후문 앞 이디야커피. 도토리가 기축통화이던 시절, 첫 소절부터 후렴까지 모든 게 과잉인 축산 친화적 발라드가 흘러나온다. 대학가 특유의 풋풋하고 불안정한 공기와 허구한 날 입고 다녀 피부와 다름없던 과잠의 감촉까지 소환한다. 완벽하게 고증됐음을 확인한 뒤 다시 쓴 문장들을 찬찬히 읊조린다. 들릴 듯 말 듯한 속삭임이 방의 적막을 균열 낸다. 그러나 목소리에 실린 절절함이 무색하게 벽 보고 누워 중얼거리는 모습은 오컬트영화의 한 장면을 방불케 한다. 뭣이 중한지도 모르고 망상의 미끼를 물어버린 불면의 밤이 흐른다.

수신인이 누락된 방구석 고백은 늘 깊은 현타를 남긴다. 지난밤도 영 민망했는지 생각은 이내 다른 방향으로 뻗어갔다. 만약 그때 내가 그렇게 말고 이렇게 말했다면 우리의 관계는 어떻게 됐을까. 더 단단해졌을까, 아니면 역시 안 될 운명이었을까. 운명은 정말 존재하는 걸까. 인간이란 결국 운명의 수레바퀴에 종속된 채 끌려다니는 존재인가. 의지를 갖고 나아갈 수 있는 발걸음은 어디까지일까. 그럼 인간이란 무엇인가. 삶이란 무엇인가. 나는 누구인가. 해괴망측해 보여도 내게는 익숙한 밤 풍경이다.

어처구니없는 건 애써 끄집어낸 그날의 기억이 무

려 15년 전, 상대방은 기억조차 못 할 너무 사소한 에피소드란 점이다. 대단한 말실수도, 큰 상처가 오간 것도 아니었고, 지금 내 삶에 어떤 식으로든 영향을 미치지도 않았다. 그럼에도 정말 불현듯 그날이 떠올랐다. 아마 그건 밤마다 열람하는 마음의 책 한 권 때문일 것이다. 잠자기 전 내 의지와 상관없이 펼쳐 드는 머릿속 고서에는 15년 전 그날과 비슷한 기억들로 빼곡하다. 이런 심야의 추억 여행은 내게 낯설지 않은 밤의 형태다. 지난밤과 지지난밤, 사실은 그 이전의 밤 또한 비슷한 서사로 흘렀다.

나에게 잠이란 생각하다 지쳐 쓰러지는 것에 가깝다. 삶의 작은 티끌에서 출발한 생각은 순식간에 범람해 나를 잠식한다. 모든 일과를 끝마치고 침대에 눕는 순간, 분명 엔딩크레딧이 올라와야 할 순간에 새로운 챕터의 1막이 시작된다. 눈을 감으면 생각의 눈이 내린다. 가깝게는 오늘 했던 사소한 말실수, 서툴게 답장한 인스타 DM, 대충 보내 마음에 걸리는 카톡 하나, 내일 출근해서 맞이할 일들에 대한 걱정, 지금 해봤자 아무 쓸데 없는 10년 후의 고민이 이어진다. 가끔은 15년 전 그날처럼 머나먼 과거의 페이지를 펼친다. 이곳저곳을 들쑤시던 생각의 여정은 스르륵 눈이 감길 즈음에서야 겨우 멈춰 선다.

주제 또한 종잡을 수 없다. 창밖에서 기척이 들리면 길고양이가 겪을 힘겨움에 대해 생각한다. 바람이 찬데 저 아이들은 몸 누일 곳이라도 있는 걸까. 그런데 고양이들은 어떻게 체온 조절을 하길래 헐벗은 상태로 잘 돌아다니는 거지. 그나저나 요즘 왜 이렇게 바람이 찰까. 이게 바로 이상기후? 어떡해, 우리 후손들에게 이런 지구를 물려줄 수 없는데…. 남극의 빙하가 저렇게 녹는데 세상은 대체 뭘 하고 있는 거지. 멸종위기라는 황제펭귄은 잘 지내고 있을까. 황제펭귄 귀여워. 아니 아니, 이럴 때가 아니야. 아무튼 인간 싫어. 온 우주의 동식물 즉시 지켜.

생각은 시간과 장소 또한 가리지 않는다. 닥터 스트레인지가 가부좌를 틀고 수만 가지 경우의 수를 계산할 때 나와 같은 이들은 좌불안석하며 온갖 생각의 시나리오를 집필한다. 늦은 밤 침대 위 시간이 생각의 우기라면, 아침에 눈뜬 순간은 보슬비, 지하철 출근길은 가랑비의 시간이다. 물론 생각의 기후는 아열대에 가까워 예상치 못한 타이밍에 스콜 형태로 퍼붓기도 한다. 특히 사회생활 중 맞닥뜨리는 온갖 돌발 상황과 인간관계 속 날선 말 한마디는 이내 천둥번개를 동반하고 생각의 장대비를 쏟아낸다.

정반대 온도의 상황에서도 결과는 비슷하다. 일상을 뒤흔드는 존재, 다시 말해 좋아하는 사람이 생겼다면? 생각은 범람을 넘어 해일이 되어 들이닥친다. 그 사람의 눈빛 한 번, 손짓 한 번, 카톡 하나에 생각의 젠가가 하늘 끝까지 쌓였다가 이내 무너지길 반복한다. 특히 서로의 마음이 아직 희미하게만 감지되는 썸의 시기, 불분명함을 못 참는 우리 같은 사람들은 끝내 매일 밤 먹방을 시작한다.

"자, 오늘부터 제가 먹어볼 음식은 김칫국입니다."

겉으로 티 내진 않지만(못 낸다가 정확하지만) 속에서는 호들갑으로 점철된 삶이 시작된다. 밤마다 그 사람과 함께하는 인생 사이클을 한 번씩 돌린다. 상상 속에서는 진즉에 연애를 시작했고 결혼 이야기까지 오가는 중이다. 공장식 대규모 웨딩과 스몰 웨딩 중 뭐가 좋을지, 청첩장은 어디까지 돌려야 할지, 결혼식에서 깜짝 이벤트로 뭘 할 건지, 수많은 민망의 역사를 목격했기에 노래는 절대 부르지 말아야지, 결혼 후 출산 계획은 어떻게 해야 할까, 이건 상대방의 의사가 가장 중요하겠다, 그럼 육아는 어떤 철학과 기준으로 해야 할까, 좋은 아버지란 무엇일까, 아버지 나 이제야 깨달아요, 어찌 그렇게 사셨나요. 종합하면 떡 줄 사람은 생각도 안 하는데 혼자 반죽하고 빚어 깔끔하게 먹어 치우고 후기까지 쓰는 타입. 물론 이런 능숙하고 숙련된 생각과 달리 현실 세계에서는 어설프기 짝이 없다. 이처럼 내향인은 늘 생각에 치여 산다. 게다가 끝날 줄 모르는 그들의 생각은 대부분 실용적이지도, 일상에 별 도움이 되지도 않는다. 되레 삶의 피로도만 높일 뿐이다. 지나가는 말 한마디를 차마 지나치지 못하고, 그런가 보다 하고 넘어가면 될 일에서도 생각의 돌부리에 걸려 자꾸만 넘어진다. 하라고 해서 하는 일에도 반사적으로 물음표를 띄우는 이유다. 지금껏 그리 해왔다는 관성의 태도 앞에서 'WHY'라고 새겨진 반항의 브레이크를 세게 밟는다. 물론 이 모든 건 마음속에서 홀로 벌이는 사투다. 이미 모두에게 상식으로 통용되고 있음을 알기에, 거기에 반기를 들어 타인의 불편을 초래하는 건 더 끔찍하다. 그래서 묵묵히, 아니 더 충직하게 따른다. 하지만 자꾸 고개를 드는 반항기 가득한 생각 앞에서 과연 지금 잘 살아가고 있는지 내 자신에게 또 다른 물음표를 던진다.

물음표는 접착제가 되어 생각과 생각을 이어 붙인다. 덕지덕지 쌓이는 생각 블록과 함께 또다시 불면의 밤과 마주한다. 이렇게만 보면 제때 출퇴근하는 것만으로도 이미 우리는 충분히 잘 살고 있는 게 아닐지, 아니 이것이야말로 내향인이 일상에서 행하는 기적 아닐지 생각해본다. '일코'[1] 가 절대 남 얘기가 아니다.

이와 관련해 내향인들에게 딱지처럼 앉은 말이 있다. 제발 생각 좀 그만하라고. 뭐 그런 것까지 생각하며 사냐고. 생각 안 하면 무슨 큰일이라도 나냐고. 만약 내 앞에서 누군가 그런 말을 한다면 손을 꼭 붙잡고 제발 방법을 알려달라 하고 싶다. 그건 마치 어디로 가야 하는지 묻던 김연우의 이별택시 손님과 같은 마음이다.

내향인에게 생각은 하는 게 아니라 나는 것이다. 떠올리는 게 아니라 날아드는 것이다. 들숨처럼 생각이 들어오면 거기에 의미를 부여해 날숨으로 뱉어낸다. 눈에 들어오는 모든 현상과 사건이 마침표가 찍히지 않은 문장처럼 보인다. 습관적으로 하나하나에 생각을 덧입힌

---

1 '일반인 코스프레'를 줄여 이르는 말로, 주위의 시선을 의식해 좋아하는 연예인이나 취미 생활 등을 감추고 드러내지 않는 태도를 뜻한다.

다. 의미를 부여하고 해석의 자막을 단다. 우리에게만 보이는 빈칸을 채워 넣는다. 그제야 세상을 제대로 보고 있다는 느낌이 든다.

쏟아지는 생각은 이토록 우리를 곤란하게 하고 피곤하게 하며 때로는 좌절시킨다. 하지만 잘 살아가고 있다는 감각을 일깨우기도 한다. 내향인은 기본적으로 이유가 텅 비어 있는 상태, 의미의 부재 상황을 견디지 못한다. 세상에서 가장 중요한 질문 역시 '왜'일 것이다. 이에 대한 정답은 결국 사유로써 도달할 수 있다. 우리가 밤마다 떠올리는 생각은 지극히 쓸데없지만 동시에 그 무용함이 우리를 유용한 삶으로 이끈다.

생각은 곧 나만의 국어사전을 써 내려가는 일이다. 사전적 정의에 머무르지 않고 하나의 대상에, 하나의 현상에, 하나의 문제에 나만의 답을 정의해가는 과정이다. 어쩌면 내향인의 삶이란 팔만대장경을 한 자 한 자 파던 불자의 태도와 비슷하다. 생각의 펜을 들어 시간의 도화지 위에 나만의 정의를 새기고 고유한 국어사전을 완성해간다.

생각을 줄이라는 말은 우리에게 무의미하다. 그러니 나도 여러분에게 생각 좀 그만하며 살라고는 하지 않겠다. 다만 생각과 생각 사이에 쉼표와 마침표가 많기를 바란다. 읽기 벅찬, 길고 지난한 문장이 아니라 크게 호흡하고 여운을 곱씹을 공백이 군데군데 존재하길 빈다. 마지막으로 하나만 더 바라자면, 이 글을 읽고 있는 여러분의 남은 하루만큼은 오늘 밤 배민에서 뭘 시켜 먹을까 정도의 고민만 남아 있기를 바라본다.

내가 있어야 할 곳

오후 네 시에서 다섯 시 사이, 어김없이 찾아오는 손님을 맞기 위해 마음을 다잡는다. 역시 얼마 지나지 않아 익숙한 발소리가 들려온다. 내내 숨죽이고 있던 그가 슬슬 기지개를 켜고 본격적인 소란을 예고한다. '굳이 이럴 필요 있냐'고 타일러도, 영화 〈해바라기〉의 김래원처럼 꼭 그래야만 속이 후련하겠냐 소리쳐도 소용없다. 예상대로 그 자식은 온갖 괴성과 함께 나를 뒤흔든다. 괴롭힘은 점점 심해져 퇴근 시간이 지나자 통제불능 상태로 치닫는다. 그놈의 정체는 다른 누구도 아닌 나 자신, 정확히는 태초부터 함께해온 작은 본능이다. 내가 나의 멱살을 부여잡은 채 울고불고 떼쓰고 통

곡한다.

집에 가고 싶어. 집에 가고 싶다. 집에 가자. 집에 가야 해. 나 집에 가고 싶어.

제발 집에 가자. 오늘 할 만큼 했어. 집에 가자. 집에 가야만 해. 나 도저히 안 되겠어.

집에 가자 제발. 그냥 내일 하자. 집에 가. 집에 좀 가 제발.

사회생활하랴, 본능과 씨름하랴 안팎으로 치이는 내향인의 하루에도 종점은 있다. 끝날 줄 모르던 고된 발걸음을 멈추고 지친 몸을 누이는 곳, 바로 집이다. 눈치 보며 사느라 잔뜩 움츠러든 몸을 이끌고 집에 도착하는 순간, 몇 번의 삑사리 끝에 비로소 현관 비밀번호를 옳게 누르는 순간, 또로롱 하는 소리와 함께 문이 열리고 센서등이 어둠을 물리는 순간, 나는 그때마다 생각한다.

'드디어 내가 있어야 할 곳으로 왔다.'

세상에는 두 종류의 사람이 있다. 관계를 맺으며 충전하는 사람, 반대로 그런 얽힘 속에서 방전되는 사람. 나를 포함한 대부분의 내향인은 후자에 속한다. 그리고 이런 사람들에게 집은 충전 케이블 역할을 한다. 어떤 하루를 보냈건 일단 집에 오면 대부분의 문제가 해결된다. 익숙한 공기를 마시며 매트리스에 몸을 내던질 때, 붉게 깜빡이던 마음에 비로소 초록불이 들어온다. 푹신한 침대에 얼굴을 파묻고 생각해본다. 교류에 어려움을 겪는 내향인이니 집과 우리의 연결 방식은 직류 아닐까.

내향인에게 사회성은 한계가 명확한 소모품이다. 더 많은 사람을 만나고 더 많은 이야기를 섞을수록 더 빨리 고갈된다. 노파심에 말하면 그 시간이 의미 없다거나 애써 견딘다는 뜻이 아니다. 편히 기댈 수 있고 마음이 오가는 이라면, 특히 내 진짜 모습을 온전히 드러낼 수 있는 사람과 함께하는 시간이라면 눈물 나게 고마운 마음으로 성심성의껏 나의 하루를 나눈다. 그럼에도 무언가가 계속 소진되는 듯한 느낌은 어쩔 수 없다. 웃고 떠들면서도 한 손으로 주섬주섬 충전 케이블을 찾는 이유다.

사회성은 외향인과 내향인을 구분하는 가장 편리한 기준이다. 외향인의 하루가 백지로 시작해 만남과 대화로 여백을 채워가는 것이라면, 내향인의 하루는 완충 상태로 밖에 나가 방전 전까지 무사 귀환해야 하는 생존 게임이다. 애석하게도 보조배터리처럼 믿고 기댈 구석 또한 없다. 그저 각자 수십 년간 쌓아온 노하우로 집에 온전하게 돌아올 방법을 알아서 강구해야 한다.

출근하려고 집을 나설 때면 충전 케이블이 분리되는 기분이다. 현관문 닫히는 소리가 안온함의 종료음으로, 동시에 전혀 다른 온도를 띤 생존 게임으로의 접속음으로 들려온다. 하지만 집이라는 따뜻한 품에 더 오래 머무르려면 돌아보지 않아야 한다. 먹고살 여건이 되어야 집에 더 오래 누워 있을 수 있음을 되새긴다. 그렇게 오늘도 내가 있어야 할 곳으로 무탈히 돌아오자는, 아니 그래야만 한다는 처연한 마음으로 엘리베이터 버튼을 누른다.

물론 사회생활은 이런 내 결연함에 어떤 관심도 두지 않는다. 예상치 못한 상황들을 연달아 펼쳐 보이며 정신없이 휘몰아친다. 그 속에서 사람을 만나고 사람과 섞이고 사람에 데고 사람에게 위로받는다. 결국 나의 사회성은 늘 얼마 못 가 발열 상태에 이른다. 오후가 되기도 전에 일일 권장량을 넘어서고 이리저리 치이다 보면 마음 저편에서 경고음이 울린다. 오후 네 시와 다섯 시 사이, 바로 그 순간이다.

평일 약속이 있으면 더욱 정신을 단디 차려야 한다. 남아 있는 사회성을 정성껏 소분해 필요한 곳에만 적확하게 써야 한다. 괜히 오버 페이스를 했다가 방전의 그림자가 얼굴에 드리운 적이 어디 한두 번이던가. 무탈히 모든 일정을 끝마치고 지하철에 오르면 절전 모드로도 부족해 에어플레인 모드로 전환한다. 지정석이라 할 수 있는 지하철 맨 구석 가장자리에 기대 골골댄다. 사회생활을 하는 내향인에게 익숙한 하루의 결말이다.

액체 괴물처럼 흐물거리는 나를 보며 오래된 휴대폰을 떠올린다. 너무 오래 써서 금세 방전되고 충전 속도는 지독히 느린 유물폰. 한때 쌩쌩하던 배터리는 눈에 띄게 수명을 다해간다. 대학생 시절 밤새 술 먹고 돌아다니며 객기를 부렸던 시간은 어떻게 그런 역사가 존재했는지 세계 7대 미스터리와 동등한 자격으로 기억된다. 이제 완충까지는 기나긴 칩거의 시간이 필요하다. 다이나믹듀오가 하루를 밤새면 이틀을 죽고, 이틀을 밤새면 반 죽는다고 했지만 나는 늘 죽어 있다.

사람을 만나는 데도 큰 결심이 필요하다. 날씨와 컨디션, 그 사람과의 물리적인 거리와 심리적인 간극, 조명, 온도, 습도 등 모든 게 완벽해야 나가볼까란 생각이 겨우 발언권을 얻는다. 시간 되는 아무나와 만나는 게 예전에는 있음직한 일이었지만 지금은 께름직한 일이다. 만남의 조건이 까다로워지니 덩달아 횟수가 적어지고, 적어지는 횟수만큼 집에 머무는 시간은 늘어만 간다.

결국 손에 쥔 건 집돌이 임명장이었다. "어디야?"라고 묻던 친구들은 "집이지?"로 인사말을 바꾸기 시작했다. 자발적 가택연금 중인 나를 보며 답답하지 않냐고도 묻는다. 사실 그때마다 조금 민망하다. 집순이, 집돌이들이 집에 머무는 데는 별다른 이유가 없다. 집에 머무는 게 삶의 기본값일 뿐, 특별한 목적이 있어서가 아니다. 굳이 이유를 찾는다면 예측할 수 없는 바깥세상보다 내가 정한 질서 속에 머물고 싶을 뿐이고, 타인의 규범에 얽매여 이리저리 치이는 것보다 나만의 문법과 언어, 취향으로 가득한 익숙함에 몸을 기대고 싶을 뿐이며, 숱한 사회적인 가면 대신 (그리 마음에 차진 않아도) 가장 나다운 맨얼굴로 편히 머물고 싶을 뿐이다. 하지만 이런 우리의 바람이 누가 정했는지 모를 '건강한 삶'과 다소 거리가 있음을 알기에, 제발 좀 밖에 나오라는 재촉 앞에선 알겠다며 가짜 웃음만 내보인다.

다만 상상조차 할 수 없었던 팬데믹 상황이 많은 집순이, 집돌이에게 뜻밖의 생각거리를 남긴 듯하다. 선택적 누워 있음에서 강제적 고립으로의 전환은 집의 의미를 다시 생각하게 했다. 그 과정에서 크고 작은 변곡점과 마주한 이들을 종종 목격한다. 가령 어떤 이는 집 밖에 미처 헤아리지 못한 즐거움이 많았음을 깨닫고, 심지어 누군가는 집순이라는 정체성에 의문을 표하기도 했다.

물론 광기 어린 성골 홈보디(Homebody)들은 아랑곳하지 않았다. 오히려 팬데믹은 그들을 더 익숙하고 편안한 삶의 방식으로 이끌었다. 눈치챘겠지만 나도 그들 중 한 명이다. 코로나 발발 초기, 집에 있길 권장하는 사회 분위기가 '마음껏 행복하세요'라는 말처럼 들렸다. 게다가 먼 미래의 일로만 알았던 재택근무까지 더해지자 나의 행복지수는 북유럽을 상회하기 시작했다. 특히 '코로나 잠잠해지면 보자'라는 만능 방패를 얻게 된 덕에 거절하기 애매했던 약속들을 어떤 죄책감도 없이 호쾌하게 튕겨낼 수 있었다.

하지만 행복은 영원할 수 없는 법. 정확히 말하면 이 전례 없는 재난 속에 행복이란 있을 수 없는 법. 좀처럼 상황이 나아질 기미가 보이지 않고 어느덧 3년 차를 맞이하게 되자 축제를 벌이던 나조차 조금은 힘이 빠진다. 매서운 겨울 추위가 있기에 전기장판 위에서 귤 까먹는 일상을 행복으로 정의할 수 있듯, 집의 소중함도 그 자체의 안온함 때문이기도 하지만 바깥 생활과의 선명한 대비에서 비롯됐음을 새삼 확인한다. 집에서는 결코 채울 수 없는 것들이 문밖에 많다는 걸 이제는 알고 있다. 그 당연한 사실을 당연한 걸 누릴 수 없게 된 현실을 맞고서야 비로소 체감한다.

코로나 잠잠해지면 보자는 말은 이제 나 자신을 향한 약속이기도 하다. 휴대폰을 계속 충전해두는 게 오히려 배터리 수명을 갉아먹는 것처럼, 가끔은 케이블을 의도적으로 분리해보겠다는 다짐이다. 집을 사랑하되 집에 매몰되지 않도록, 집의 따스함을 만끽하되 문 바깥에도 비슷한 온도의 볕이 있음을 망각하지 않으려 한다. 마스크를 벗고 돌아다닐 날이 온다면 가장 먼저 그 볕 아래 쭈그리고 앉아 따스함을 느끼고 싶다. 그 옆에 내가 좋아하는 이들이 등을 맞대고 있다면 더더욱 좋겠다. 그때는 핑계 대지 않고 더 자주 만나고 더 많은 이와 이야기를 나눠야지. 물론 이 다짐마저 사흘째 안 나가고 누워서 하고 있다는 게 함정이라면 함정이다.

영업비밀

※이 글에는 비속어가 불가피하게 세 번 나온다.

내게는 두 종류의 지인이 있다. 내가 내향인이란 사실에 고개를 끄덕이는 사람과 고개를 갸우뚱하는 사람. 아마 후자라면 일로 만난 사이거나 인스타 맞팔 정도의 지인 아닐까 싶다. 이해 못 할 상황은 아니다. 업무 미팅에서 대화를 이끌어가는 데 큰 불편이 없고, 책을 내고 이따금 진행하는 북토크 행사나 마케팅 강연에서도 해야 할 말 정도는 조곤조곤 이어가는 편이다. 그러니 의아해할 수 있다. 그럴 만하다.

하지만 티가 안 날 뿐이다. 나 역시 다른 내향인들

처럼 낯선 사람 앞에서 극심한 긴장감에 시달린다. 특히 많은 사람을 앞에 두고 뭔가 해야 할 땐 심장박동이 귀까지 전해질 정도니 심하다면 심하다고도 볼 수 있다. 이런 떨림은 나의 부족함을 너무 잘 알고 있는 데서 기인한다. 기본적으로 말주변이 그리 좋지 못하고, 순발력이 부족해 돌발 상황에 맞닥뜨리면 이내 고장 난 기계가 되고 만다.

나처럼 재능 없는 이는 별수 없다. 연습, 또 연습뿐이다. 강연이나 발표를 하루 앞둔 날은 목이 살짝 나갈 정도로 반복한다. 모든 경우의 수를 빠짐없이 준비했다는 확신이 들어야 겨우 잠자리에 든다. 그러나 시작 직전의 두려움은 피할 수 없다. 아무리 준비를 잘해도 찾아오는 원초적 불안이다. 다행히 그때마다 되새기는 마인드컨트롤 비법이 있다. 영업비밀인데 여기서 처음 공개한다. 사람들 앞에 서기 전, 크게 숨을 고르고 정신을 집중해 한 가지 생각에 힘을 쏟는다.

다 좆밥이다. 니네 다 좆밥이다.

사실 이 아이디어의 출처는 코미디언 장도연 님이

다. 무대 위에서 보여주는 탁월함이 무색하게 놀랍게도 그 또한 내향인이라고 한다. 게다가 소심함을 장착한 내향인. (이 사실을 알게 된 후 그의 Y춤[2] 을 볼 때마다 왠지 모를 한의 정서가 느껴진다.) 특히 신인 시절 그의 소심함은 극에 달했다. 개성 넘치는 동료들 틈바구니에서 이렇다 할 개인기 하나 없던 신인 코미디언은 점점 위축되어갔다. 소심함은 수많은 청중 앞에 서야 하는 직업 특성상 꽤 치명적이었다. 계속되는 속앓이 끝에 그는 마지막 지푸라기를 잡는 심정으로 직접 마인드컨트롤 방법을 고안했다. 앞서 내가 되뇌인 바로 그 주문이다.

어느 예능에서 처음 그 얘기를 들었을 땐 당연히 웃자고 한 말이라 생각했다. MSG 잔뜩 친 코미디언의 너스레 정도로 여겼다. 그러던 중 회사에서 큰 발표를 하게 된 어느 날, 진정되지 않는 마음을 부여잡고 있다가 그의 이야기를 번뜩 떠올렸다. 뭐라도 해야 하는 상황이었다. 눈을 질끈 감고서 평소 입에 담지도 않는 그 단어를 중얼거렸다. 야속하게도 시간은 금세 지났다. 후들거리는 다리로 한 발 한 발 단상에 올랐다. 고개를 들어 정

---

2 표현하기 참 힘든데, 장도연 님이 두 손을 모아 하체에 대고 얍! 하는 그 시그니처 포즈 아시죠?

면을 응시했다. 내 앞에는 좆밥 수십 명이 앉아 있었다. (계속 써야 하는데 미관상 영 좋지 않으니 이제부터 '죠스바'로 대체한다.)

조금 과격하긴 하나 이 마인드컨트롤은 나름의 선순환 구조를 갖고 있다. 죠스바를 중얼거리며 요동치는 긴장감을 겨우 잠재운다. 자기최면에서 깨어나기 전, 해야 할 일들을 어떻게든 끝낸다. 무탈히 마무리했다는 안도의 한숨 뒤로 성취감과 죄책감이 동시에 밀려든다. 성취감은 나도 할 수 있다는 자신감으로 이어진다. 매번 긴장에 시달리는 사람에게 성공의 레퍼런스만큼 확실한 처방전은 없다. 몸과 마음에 스며든 성취의 기억은 비슷한 상황마다 딱딱하게 굳는 마음을 조금이나마 부드럽게 만들어준다.

한편 마음 반대쪽에서는 내가 무슨 짓을 했나 싶어 죄책감이 피어오른다. 내 성취를 위해 애꿎은 사람들을 잠시나마 죠스바 취급했단 사실에 영 마음이 불편하다. 해냈더라도 떳떳한 방법이 아님을 알기에 함부로 건방떨지 말자는 겸손함으로도 이어진다. 그리고 다음에는 죠스바를 찾지 않게 더 잘 준비하자는 다짐도 해본다. 조금 괴상한 선순환이긴 하지만 태생적 불안을 뒤틀어

반보라도 전진해보려는 나름의 노하우다.

사실 이 글을 쓰는 지금도 마찬가지다. 누군가 내 문장을 읽고 있다 생각하면 예나 지금이나 아찔하고 어질어질하다. 그러나 죠스바를 외치며 아득바득 써 내려가는 중이다. 겉으로는 "뭐 어쩌라고요, 내가 내 할 말 하겠다는데"라며 뻔뻔히 고개를 들지만 책상 밑의 손발은 벌벌 떨고 있다. 그렇게 자꾸만 과소평가하는 나를 추켜세우고, 과대평가하는 타인의 시선은 끌어내린다. 왜곡된 두 시선을 오가며 정직한 균형을 잡기 위해 안간힘을 쓴다. 당연히 한 번에 맞출 수 없는 균형이자, 작은 성취나 좌절에도 급격히 무너지는 균형이기에 어쩌면 남은 인생 동안 계속 풀어야 할 숙제에 가깝다. 가장 밑바닥 감정에 의지해야 하는, 죠스바까지 동원할 수밖에 없는 이유다.

그래서일까? 예전부터 자신을 객관화하고 타인의 시선 또한 적당히 뭉갤 줄 아는 사람들을 부러워했다. 특히 어릴 때는 그런 이들을 동경하다시피 했다. 가만 생각해보면 20대 초반 짝사랑했던, 가끔은 연애로도 이어졌던 누나들이 그랬던 것 같다. 딱히 연상을 좋아하는 건 아닌데(보통 이렇게 말하는 사람들이 연상을 무척 좋아한다.) 누나들이 보여주는 당당한 애티튜드에 홀딱 반하곤 했다. 요약하면 대단하고 거대한 일도 자그맣게 볼 줄 아는 삶의 태도에 매료됐다. 코딱지만 한 일에도 세상 무너지는 줄 알았던 내게 소위 짬에서 나오는 바이브로 늘 태연했던 누나들의 세계는 놀라울 만큼 견고하고 단단했으며, 늘 초연했다. 그 모습이 너무 멋져 마음 가장자리에 작은 월세방 하나 분양받고 싶을 정도였다. 그건 연애 감정이면서 내가 생각하는 좋은 어른에 대한 동경이었다. 더불어 나도 꼭 그리 되고 싶다는 바람이었다.

문제는 당시 내가 품고 있던 내향인 기질이 누나들과는 대조적이었다는 사실이다. 내향인은 일반적으로 작게 치부되는 일조차 크고 선명히 받아들이는 데 익숙하다. 남들은 별로 개의치 않는 사소한 실수 하나에 온종일 마음을 쓰고, 흘려보내도 될 말 한마디에 발목 잡히기 일쑤다. 보통 그런 날은 손에 아무것도 잡히지 않는다. 좋게 말하면 섬세함이고 나쁘게 보면 혼자 떠는 유난이다. 많은 사람이 내향인 하면 늘 차분하고 흔들림 없는 이미지를 떠올리는데, 진짜 그런 분들도 있겠지만 나처럼 고장 난 호들갑 버튼으로 살아가는 사람도 있다. 다만 겉으로 드러내지 않을 뿐이다. 자기 컨트롤에 능숙한 게 아니라 표현할 겨를도 없을 만큼 마음이 난장판이라서다. 마치 정말 놀랐을 때 어떤 반응도 못 하고 굳어버리는 것처럼.

그런 관점에서 보면 사람들 앞에서 긴장하는 건 나 같은 내향인에게는 지극히 자연스러운 일이다. 별것 아닌 걸 별것으로 받아들여 세상과 잠시 별거하는 상상까지 하는 존재에게 수많은 시선을 앞에 두고 또렷이 말하라는 건 사려 깊지 못한 강요다. 하지만 반대로 생각하면 그런 걸 못한다고 자책할 필요도, 나 자신의 부족함을 탓할 이유 역시 없다는 얘기다.

그러나 현실은 늘 냉정하게 봐야 한다. 결국 해야 하는 건 해야 한다. 어느 누구도 끝까지 우리를 배려해 주지 않는다. 한두 번 호의를 베풀 수는 있으나 결국 어떻게든 방법을 찾아 극복해야 하는 건 우리의 몫이다. 내가 나를 알리고, 준비해 온 생각과 이야기를 펼치고, 죽이 되든 밥이 되든 일단 해야 뭐라도 바뀐다. 아무도 그걸 대신해주지 않는다. 바쁘디바쁜 현대사회는 자기 살길 찾기에도 빠듯한 곳이다.

나 역시 그 사실을 잘 알고 있기에 절로 한숨이 나

온다. 그러나 나의 경우 조금 의외의 지점에서 힌트를 발견했다. 그건 바로 과정보다 결과가 중요하다는 말. 보통 세상의 냉혹함을 강조할 때 쓰는 표현이지만 어떤 상황에서는 희망의 언어가 되기도 한다. 내향적인 이들도 과정이야 어떻든 잘 해내기만 하면 된다는 희망이다. 결과물이 훌륭한데 긴장을 많이 했다는 이유로 감점하는 사람은 없을 테니까. 그렇다면 이제 해야 하는 건 각자의 방법을 찾는 일이다. 부딪치고 시도하며 나름의 노하우를 도출하는 과정이 필요하겠다. 뭐든 좋다. 나처럼 눈을 감고 죠스바를 한입 크게 베어 물어도 좋고, 무대 위에서만 존재하는 가상의 자아를 만드는 것도 훌륭하다. 확실한 건 뭐든 해봐야 한다는 것. 마지막으로 나, 그리고 내향인 모두가 명심해야 할 만고불변의 진리를 다시 한번 상기할 것.

우리가 뭘 하든, 세상은 우리에게 별 관심이 없다.

저는 방향이 반대라서요

"상민 씨도 지하철역으로 가죠?"

"아… 저는 버스 타고 가려고요."

"버스 정류장도 이쪽이니까 같이 가면 되겠다."

"저는… 거기 버스 정류장 말고… 건너편… (반대편을 가리키며) 아니, 저쪽으로… 가야 됩니다."

"그렇구나. 그럼 수고 많았고 내일 봐요!"

"네, 조심히 들어가세요."

전부 거짓말이다. 집에 빨리 가려면 지하철을 타야 하고, 버스를 타더라도 저쪽이 아니라 이쪽이 맞다. 하지만 메소드 연기는 계속된다. 처음 가는 길을 아무렇지 않게 걷고 또 걷는다. 여기가 어딘지, 지금 뭘 하고 있는지도 모른 채 아리송한 발걸음이 이어진다. 다행히 얼마 지나지 않아 원래 타야 했던 역에서 한 정거장 전 역을 발견한다. 역에 들어서자 곧 열차가 도착한다는 방송이 흘러나온다. 평소 같았으면 후다닥 달려가 잡아탔겠지만 지금은 아니다. 이번 차는 보내야 한다. 얼추 계산해 보니 지금 타면 아까 헤어진 일행과 다음 역에서 마주칠 수 있다. 한참을 기다려 다음 열차에 올라탄다. 그제서야 비로소 마음을 놓는다. 드디어 마주한 고독의 시간과 힘없이 악수를 나눈다.

나도 안다. 주접도 이런 주접이 없다는 걸. 게다가 어제는 한파경보가 발령된 밤이었다. 칼바람을 온몸으로 때려 맞으면서도 기어코 혼자 빙 돌아가는 날 보며, 내향인의 가호가 정신을 지배한 건 아닐까 의심했다. 사회화는 대체 언제 끝나는 걸까. 내향인에게 사회화란 평생교육인 걸까, 아니 바뀌기는 할까. 제발 더는 이러지 말자 다짐하지만 그 결심은 늘 속절없이 무너진다. 확신컨대 나는 다음 작별의 순간, 다음 이별의 상황에서도 허둥대며 반대 방향만 가리킬 것이다. 나도 어쩔 수 없다. 아주 어릴 때부터 이어온 습관이자 이제는 공식처럼 굳어진 삶의 방식이다. 집에 갈 땐 반드시 혼자여야 한다는 법칙, 제발 그때만큼은 그러고 싶다는 간절함, 그리고 내가 온전히 소유하는 시간에 대한 집착.

"시간은 모두에게 똑같이 주어집니다."

살면서 참 자주 마주친 문장이다. 당연하고 특별한 것 없는 얘기인데 오히려 그래서 더 솔깃하다. 이 땅에 사는 모두가 공평하게 누릴 수 있는 무언가가 있다는 게, 설마설마했지만 그런 게 존재한다는 비현실적 현실이 괜한 희망과 머쓱한 위로를 남긴다. 누군가는 이 문장을 채찍 삼아 게으름을 경계하고, 지친 마음을 다잡기 위해 동기부여의 불씨로도 활용한다. 그렇게 인류를 위해 선량하게 공헌해온 이 문장을 나는 어릴 때부터 영 마음에 들어 하지 않았다. '공평', 그중에서도 '공'이라는 글자에 불만의 시선을 보냈다. 이 문장 앞에 설 때마다 한껏 심술 난 표정으로(물론 속으로) 되물었다. "저기… 맞는 말씀이긴 한데요. 똑같이 주어지긴 하는데, 그 시간이 온전히 제 것이 아니던데요?"

시간은 모두에게 공평히 주어진다. 하지만 시간을

독점할 권리까지 보장하진 않는다. 오히려 대부분의 시간은 '사'보단 '공'으로서 존재한다. 우리의 하루를 돌이켜봐도 사사로이 향유하는 시간보다 타인과 나누는 시간이 압도적으로 많다. 예를 들어 모든 만남은 서로가 서로에게 시간을 할애하는 일이다. 회사에 다닌다는 건 근로기준법에 따라 나의 시간을 양도하는 계약이며, 약속에 늦었을 때 응당 사과해야 하는 것도, 워런 버핏 선생님과의 점심 약속이 그토록 비싼 이유도 그 시간이 나만의 것이 아니라서다. 물론 우리의 삶이 얼마나 상호 의존적인지 생각하면 당연한 얘기일지도. 그런데 나는 이 당연한 사실을 당연하게 받아들이길 힘겨워한다. 시간의 공공성을 수긍하면서도 끊임없이 고독의 시간을 갈구한다.

많은 이에게 고독은 슬픔 혹은 외로움과 동의어처럼 쓰인다. 하지만 어떤 사람에게 고독이란 차분히 정리되고 안정된 상태를 뜻한다. 바꿔 말해 고독 없는 하루는 누군가에게 끝없는 불안을 의미한다. 홀로 소유하는 시간이 충분치 않을 때, 그들은 견디기 힘든 찝찝함에 휩싸인다. 나 또한 마찬가지다. 고독이 결여된 일상에서 온갖 부채감에 시달린다. 해야 하는 고민들이 악성 재고로 쌓여가고 생각은 여기저기 흐트러져 방치된다. 결국 이 부채감은 잘못 살고 있다는 결론으로까지 이어진다. 조금 무리해서라도 혼자만의 시간을 가지려 애쓰는 이유다.

혼자 집에 가는 건 그 애씀의 대표적인 흔적이다. 나만 남은 귀갓길이 시작될 때, 그제야 나는 스스로를 돌보고 추스른다. 눈치 보지 않고, 타인의 시선 또한 신경 쓰지 않고 오직 나에게만 집중하며 하루를 복기한다. 만났던 사람들의 얼굴을 떠올리고 주고받은 대화 한마디 한마디에 실려 있던 마음을 찬찬히 들여다본다. 피어올랐다 사그라든 온갖 감정을 되새기고 그것이 내게 어떤 흔적으로 남았는지 관찰한다. 눈으로는 세상을 담는다. 지하철 승객들, 바깥 풍경, 거리에 붙은 광고판과 찌그러진 채 버려진 맥주캔을 바라본다. 귀를 쫑긋 세워 내 주변을 감싸는 소리에도 집중한다. 굉음과 소음, 옆자리의 달콤한 전화 통화와 귀청 나갈 듯한 아저씨의 고함도 채집한다. 입은 굳게 닫혀 있으나 나머지 감각들은 한껏 열려 있다. 그렇게 세상을 바라보고 인식한다. 그제서야 내가 내 삶을 살고 있다는 느낌을 받는다.

의아할 수 있다. 집돌이라면 집에서 혼자 원 없이 있을 텐데 뭐가 다르냐고. 하지만 내게는 다양한 재질의 고독이 존재한다. 집에 혼자 있는 건 고독 속의 고독이다. 세상과 단절하고 나만의 우주를 관조하는 과정이다. 머릿속 잡념들을 찬찬히 헤아리며 내면으로 편도 여행을 떠난다. 반대로 밖에서의 고독은 군중 속 고독이다. 세상과 호흡하는 내향인 특유의 방식이다. 어떤 책임감과 의무감도 없이 나의 속도로 세상을 바라보는 일이다. 그것은 보통 관찰이 되고, 관찰은 쉬이 더 깊은 사유로 나아간다. 그리고 사유는 자연스레 노트 위 글자로 기록된다. 지난밤 강풍을 때려 맞으며 아득바득 혼자 향하던 귀갓길이 지금 이 글로 빚어지고 있듯이. 그렇게 고독의 시간으로 나 자신을 밀어 넣으며 삶의 균형을 맞춘다. 집돌이 생활로 이불 밖 세계에서 마모된 나를 충전하고, 집 밖에서는 불순물 없는 시선으로 세상을 정의한다.

그러나 여전히 고독은 많은 이에게 음지의 단어로 인식된다. 혼자라는 욕조에 편안히 몸을 누이고 있으면 출처 모를 위로와 동정, 가끔은 조소의 시선이 날아든다. 그런 위로의 말 앞에서, 사람 좀 만나라는 당부 앞에서, 대인관계에 문제 있는 거 아니냐는 수근거림 앞에서 홀로 추는 내적 댄스의 현란한 스텝이 잠시 멈춘다. 수십 년간 누려온 행복이지만 그런 세간의 시선과 마주할 땐 괜히 나를 돌아보고 의심하게 된다. 그 되새김질은 억지로 입안에 손가락을 넣는 경험이다. 아무 문제가 없어도 해야 하는 헛구역질이다. 특히 정체성을 가늠하던 사춘기 시절은 익숙함을 삼켰다가 더부룩한 타인의 시선 탓에 다시 토하길 반복하는 시간이었다. (이 눈물겨운 이야기는 잠시 뒤에 나옵니다.)

이루 다 말하기 어려운 치열함의 시간을 거쳐 지금은 명확히 알고 있다. 고독의 시간이야말로 내게 가장 잘 듣는 안정제라는 걸. 오히려 억지 텐션으로 임했던 인간관계가 나를 좀먹었다. 집으로 가는 한 발 한 발에 허무함만 남던 그 시절의 실수를 반복하지 않으려 한다. 당시에도 내 지친 걸음에 생기를 부여했던 건 결국 돌고 돌아 혼자만의 시간이었다. 정확히는 고독이 가져다주는 삶의 균형이었다. 더는 의심하지 않는다. 정확히는 그럴 힘이 없다. 나이 듦의 가장 큰 장점이자 단점은 나 하나 챙기기에도 에너지가 부족하다는 것이다. 진정으로 좋아하는 것만 좇기에도 빠듯한데 모든 걸 남들의 잣대에 맞춰 살 수는 없다. 만약 조언을 가장한 훈계로 나를 또 한 번 닦달한다면 그때는 익숙한 말을 꺼낼 수밖에 없다.

"저는 방향이 반대라서요."

중인배

"환자분! 안 아프셨어요? 마취가 다 안 됐었어요."

"(개구기를 찬 채) 아… 아파샤야."

"어머 어떡해, 어쩌면 좋아."

"개… 갱햐냐야."

얼마 전 치과에서 마취가 제대로 안 된 채 신경치료를 받았다. 그날 이후 나는 한결 착하게 살고 있다. 찰나지만 지옥이 뭔지 경험했기 때문이다. 만약 지옥이 실존하고 형벌이 오마카세처럼 준비돼 있다면 그중 하나는 신경치료일 거라 확신한다. 치료받는 동안 내 의지와 상관없이 눈물이 줄줄 흘렀다. 세상에 참을 수 없는 것 두

가지가 사랑과 기침이라던데, 나는 마취 없이 받는 신경치료도 추가해야 하지 않나 조심스레 건의해본다. 그만큼 고통에 떨었지만 군말 없이 참았다. 친구에게 이 얘기를 하면 "아니 왜?!"라고 격분할 테지. 그때마다 나는 상대를 달래기 바쁘다. 애초에 내 세계관에는 그런 상황에서 화를 내거나 짜증 부리는 선택지 자체가 존재하지 않는다.

비슷한 경험을 헤아려보기로 한다. 손가락을 하나둘 접다 이내 다시 펴야 하는 상황에 이른다. 한여름에 아아를 시켰는데 뜨아가 나오면 이열치열을 되새기며 그냥 조용히 마신다. 배달 음식을 받았는데 추가 주문한 디핑 소스가 안 왔거나 리뷰를 약속한 대가로 요청한 서비스 반찬이 빠졌을 때도 사장님이 많이 바쁘신가 염려하며 별말 없이 먹는다. 당연히 별점 다섯 개도 잊지 않는다.

식당에서 종업원을 부르는 데도 서툴다. 이모뻘이라면 웃어른이라서, 어린 분은 한창 알바하던 시절의 내가 떠올라 미안한 마음이 앞선다. 사람을 부린다는 느낌이 영 불편한 모양이다. 곰곰이 생각해보면 그러라고 있는 종업원인데 나는 왜 이러나 싶다. 그래도 안 부를 수는 없으니 어떻게 해야 덜 권위적이고 친절히 부를 수 있을지 고민한다. 내내 머뭇거리다 출근 준비하는 반려인 곁의 강아지처럼 슬픈 눈으로 애타게 바라만 본다. 언제가 눈길 한번 주시겠지 하는 마음이다. 손 드는 것마저 민망해 절반 정도만 든다. 입에서 '선서!'만 뱉으면 초등학교 시절을 완벽히 재연하는 포즈다.

대중교통에서는 좀 더 스릴 넘치는 상황과 마주한다. 하차 벨을 눌렀는데 버스가 정류장을 그냥 지나쳐버릴 때, '어, 저기…'까지는 나오는데 그 뒤로 입이 떨어지지 않는다. 정말 급한 상황이라면 눈 질끈 감고 소리치지만 그냥 한 정거장 더 가서 내린 적도 많다. 한강 다리를 건너는 것만 아니면 괜찮다. 터덜터덜 걸으며 생각한다. 나는 대체 왜 이러는 걸까. 지하철이라고 다르지 않다. 내려야 하는데 퇴근 시간이 빚어낸 인간 철벽에 가로막혔을 때, 한두 번은 과감히 시도해보지만 도저히 안 되겠다 싶으면 그냥 내리기를 포기한다. 서울 지하철이 참 잘되어 있어서 조금 우회하더라도 대안은 있기 마련이다. 나도 안다. 지금 이 이야기를 읽으며 복장 터져 할 사람이 있다는 걸.

최선의 방어는 공격이라는 믿음 아래 먼저 내 입장을 밝힌다. 나는 내가 소심하지 않다고 생각한다. (그런데 지금은 좀 많이 소인배 같다.) 스스로 소심하다 정의하기에는 지금까지 살면서 해온 겁 없는 선택과 과감한 결정들이 반박의 근거로 상시 대기 중이다. (더 소인배 같다.) 그렇다면 다시 '왜?'라는 의심의 눈초리가 돌아온다. 소인배가 아니라면 왜 군말 없이 불편을 감내하는가. 응당 내야 하는 목소리를 왜 내지 않는가. 만약 있는 힘껏 나를 코너에 몰아붙여 무슨 말이라도 해보라고 채근한다면 소인배처럼 한껏 움츠린 채 대답할 것이다.

"민… 민폐 끼치고 싶지 않아."

진심이다. 그런데 오답인 것도 알고 있다. 뜨아를 시켰는데 아아가 나온 것과 하차 벨을 눌렀는데 버스가 멈추지 않은 데에 내 잘못은 없다. 굳이 민폐의 진원지를 따진다면 카페 직원과 버스 기사님일 것이다. 민폐를 사회적으로 용인되는 선을 넘어 물리적·정신적 피해를 주는 것으로 정의한다면 더더욱 내게는 잘못이 없다. 〈한문철TV〉에 제보한다면 100 대 0이라는 진단을 받을 것이다. 그런데 김상민TV의 진단은 조금 다르다. 내 사전에서는 그들의 잘못보다 이에 대해 이의를 제기하고 목소리를 높이는 것을 더 큰 민폐로 정의한다. 특히 감내할 수 있는 수준의 피해라면 그냥 조용히 있는 게 익숙하다.

민폐 끼치고 싶지 않다는 말을 찬찬히 들여다본다. 사실 그 이면에는 여러 모습의 자아가 얽혀 있다. 남의 시선을 어마어마하게 신경 쓰는 나, 행여나 그 시선이 내게 쏠릴까 두려워하는 나, 무탈히 돌아가던 세계를 내 작은 안위를 위해 멈춰 세우는 게 맞나 의심하는 나까지. 그 복잡한 감정 속으로 팔을 넣어 휘휘 젓자 가장 높이 솟은 단어 하나가 손에 걸린다. 익숙한 감촉의 그 단어는 바로 '회피'다. 불편함 속에서도 침묵을 지키는 건 껄끄러운 상황과 마주하고 싶지 않아서다. 행여나 얼굴 붉히거나 누군가에게 아쉬운 소리를 해야 하는 상황이 끔찍해서다. 일어나지도 않은 일을 떠올리고 걱정하느라 스스로 손발을 꽁꽁 묶는 소인배적 태도다.

그렇게 돈 워리하지 못하고 비 회피하며 살아왔다. 불편한 상황을 굳이 자초하지 않고, 특히 나만 조용히 있으면 별 탈 없이 흘러갈 경우, 애써 나의 존재를 드러내지 않는다. 잘못 나온 아아를 그냥 마시고, 우악스럽게 사람들을 밀치며 만원 지하철에서 내리지 않는다. 거절을 못 하는 것도 같은 맥락이다. 아이러니하게도 회피하는 습관이 회피를 못 하게 만든다. 거절이 가져올 부정적인 상황과 반응에 신경 쓰느라 뻔히 그려지는 불행한 미래를 기꺼이 받아들인다. 지극히 어리석으며 어찌 보면 불편한 상황과 맞서지 못하는 비겁함이다.

불편을 피하고 싶은 건 인지상정이다. 매사에 정면으로 부딪치며 살 순 없다. 심지어 나의 회피적인 태도는 이따금 전혀 다른 의미로 평가되기도 한다. 잘못 나온 메뉴를 별말 없이 마실 때 누군가는 쿨하다 말하고, 굳이 분란 만들지 말자는 태도는 관대함으로 비춰지고, 거절 못 하는 성격에는 호인(사실 호구)이라는 꼬리표를 달아준다. 소인배적 모먼트가 대인배라는 칭찬으로 되돌아오는 기적을 보며 삶은 곧 모순이란 말을 피부로 느낀다.

흔히 대인배와 소인배라 하면 영웅적 기질을 타고난 호인과 그렇지 못한 사람 정도로 구분된다. 그러나 둘은 삶의 시선을 어디에 두고 있냐의 차이일 뿐이다. 대인배는 나에게 기준을 둔다. 나의 시선, 나의 마음, 나의 만족에 맞춰 일상을 꾸린다. 반대로 소인배는 타인에게 기준을 둔다. 그래서 남의 평가에 예민하고, 남이 날 어떻게 바라보는지 가늠하기 바쁘다. 앞서 열거한 내 일상 속 소심한 단면들 역시 내가 아닌 타인에게 무게중심을 뒀기에 벌어진 일들이다. 남이 나를 어떻게 보는지 신경 쓰느라 지나가는 아이도 알 만한 삶의 정답들을 자꾸만 망각한다. 그럼 우리 모두 대인배가 되자고 손을 모아 '하나, 둘, 셋 파이팅'을 외치고 해산하면 될까. 나는 구호를 외치고 돌아가려는 여러분을 붙잡아본다.

대인배는 요즘 만인의 화두인 자존감과도 긴밀히 연결돼 있다. 자존감 역시 결정의 기준을 내게 두는 태도이고, 나 자신을 긍정적이고 따뜻하게, 동시에 객관적으로 보는 자세라는 점에서 둘 사이의 상관관계는 꽤 그럴듯하다. 하지만 자존감이 높다 못해 천장을 뚫어 일정 선을 넘어버리면, 대인배는 '데엠(Damn!)배'가 되기도 한다. (방금 지어낸 말이니 검색해보지 않아도 된다.) 세상의 중심이 나인 것까진 좋으나, 온 우주의 중심 또한 나여야 한다는 오만이 상식 밖의 우악스러움으로 이어진다.

어쩌면 소인배보다 더 무서운 게 데엠배다. 그들은 자신에 대한 사랑과 확신의 크기만큼 어떤 지점부터는 조금의 불편도 용납하지 않는다. 스스로 합리화하고 면죄부를 남발하는 인간 본성과 손잡는다면 더욱 무서워진다. 데엠배의 세계관에서는 자신의 안위를 위해 타인은 자연스레 뒷전으로 밀려난다. 밀려나는 과정에서 누군가를 짓밟고 무시하는 건 조금 머쓱하나 어쩔 수 없는 일로 치부된다. 유명 스포츠 스타 중 거대한 자아를 지닌 이들, 소위 에고(ego)가 강한 선수들을 떠올려보면 이해하기 쉽다. 에고는 그들을 세계 최고로 만들어주는 동력이 되기도 하지만, 때로는 그 에고 때문에 우리가 상식이라 여기는 합의를 아무렇지 않게 무시하는 모습을 보이기도 한다.

물론 나는 이런 걱정을 하지 않아도 된다. 일상에서 마주하는 온갖 회피적인 의사결정만 봐도 내가 선택의 기준을 어디에 두는지 명확하게 알 수 있다. 그런 내게 자아의 크기가 점점 비대해져 데엠배가 되면 어쩌나 걱정하는 건 연애도 못 하면서 육아 걱정하는 것과 비슷하겠다. 하지만 좌절하지는 않는다. 애초에 나 자신에게 굳건한 기준을 두는 게 초인적인 태도로 느껴진다. 특히 나처럼 공동체의 평범한 일원으로서 살아가는 이에게 대인배적 면모는 현실적으로 성취하기 어려운, 수도자의 길과 그리 다를 바 없다.

남과 비교하지 않고 사는 사람은 없다. 우리 주변에는 늘 타인이 존재하고 어떤 방식으로든 그들과 상호작용 하며 살아간다. 따라서 타인과 나를 번갈아 보며 안도하거나 질투하는 건 지극히 자연스러운 인간의 본성이다. 다시 말해 대인배를 지향하는 건 좋으나 대인배가 아니라고 해서 좌절할 이유 또한 없다는 것이다. 타인과 불가분의 관계라는 걸 떠올릴 때마다 태초에 인간은 소인배로 설계된 동물 아닐지 나름대로 합리적인 가설도 세워본다.

그렇다면 우리의 현실적인 목표는 대인배와 소인배 사이, 중인배쯤 아닐까. 대인배의 단단한 자아와 소인배의 기민한 눈치, 이 둘 사이를 오가는 것이야말로 더 현실적이고 심지어 조금은 더 이상적인 태도로 다가온다. 주춧돌을 내 중심에 둔 채 강단 있는 마음을 가져야 할 때가 있고, 때로는 그 돌을 사랑하는 사람에게, 혹은 중요한 공동체적 가치로 옮겨와 모두가 행복해질 방법을 강구해야 할 때도 있기 마련이다. 아카데미 여우조연상 수상 후 윤여정 선생님이 하신 말씀처럼 모두가 최고를 좇기보단 다 같이 최중이 되는 것, 어쩌면 그게 더 건강하고 지속 가능한 마음가짐 아닐지 조심스레 확신해본다. 물론 지금 내가 골머리 썩으며 이 글을 쓰는 와중에도 진짜 대인배는 껄껄 웃으며 '참 귀여운 생각이네'라고 하겠지만.

02

사실 나도
나를 잘 알지 못해

내향인이 주인공인 만화는 없었다

한 세대가 공유하는 장면이 있다. 모든 게 미쳐 돌아가던 2002년 여름, 0교시의 스산한 공기, '놀토'가 예능 이름이 아니던 시절, 20대를 함께한 토요일 저녁 〈무한도전〉까지. 여기에 한 가지 더한다면 일요일 아침 풍경을 빼놓을 수 없겠다. 전국 수많은 아이를 아침형 인간으로 만든 마성의 노래, 〈디즈니 만화동산〉의 주제가를 빼면 섭하다. 잠이 덜 깬 와중에도 "하쿠나 마타타, 정말 머었↗진 말이지"를 따라 부르던 기억이 지금도 선하다. 물론 요즘 세대에게는 조금 의아할 수도 있겠다. 다만 야들아, 이 할아비 때는 말이다아. 티부이 만화영화가 몇 안 되는 놀거리였단다.

내 어린 시절은 만화영화로 빼곡했다. 〈슈퍼 그랑죠〉, 〈지구용사 선가드〉, 〈로봇수사대 케이캅스〉 같은 히어로물부터 십이간지를 뚤기, 떵이, 호치, 새초미로 외우게 한 〈꾸러기 수비대〉, 온갖 파츠를 사 모으며 동네 남자아이들을 예비 공대남으로 만들어버린 〈달려라 부메랑〉, 비밀 하나 털어놓자면 〈웨딩피치〉와 〈천사소녀 네티〉, 〈카드캡터 체리〉까지 살뜰히 챙겨봤다. 지상파 3사의 만화영화와 투니버스로 채워진 내 소년기는 말 그대로 꿈과 희망으로 가득했다. 그러나 절망 또한 함께였다. 삶의 첫 거대한 물음표와 대면시킨 것도 만화영화였다.

내향인이 주인공인 만화는 없었다. 만화 주인공들은 하나같이 나와 너무도 다른 이들이었다. 그들은 늘 밝았고 새로운 도전에 주저하지 않았다. 질 게 뻔한 싸움과 우주 멸망의 위기에서도 심각한 표정은 찾아볼 수 없었다. 오히려 미소와 여유를 잃지 않았다. 물론 조용하고 소심한 캐릭터가 전혀 없었던 건 아니다. 다만 그들은 어딘지 모르게 유약했고 맹한 모습으로 괴롭힘을 당하거나 쩔쩔매기 바빴다. 그런 우리를 구해주는 건 주인공의 몫이었다. 그렇게 어린 시절 만화영화는 즐거움

뿐 아니라 작은 깨달음도 안겨주었다. 이 세계의 주인공이 내가 아닐 수도 있겠다는 깨달음이었다.

돌아보면 그건 어른들의 바람에 가까웠다. 어린이라면 응당 그래야 한다는 획일적인 시선이 주인공 캐릭터에 고스란히 응축됐다. 그런 줄도 모르고 30년 전 김상민 어린이는 밤마다 고민에 빠졌다. 여덟, 아홉 살이라 해도 주인공과 나 사이에 거대한 간극이 있다는 것쯤은 알아차릴 나이였다. 하루 중 편안함을 느끼던 모든 순간이 불편하게 다가오기 시작했다. 침대에 누워 하염없이 책을 읽는 시간, 홀로 장난감을 만지작거리며 치르는 상상 속 전투, 한 줄 한 줄 노트를 채우며 온갖 생각을 빚는 밤에 의문을 가졌다.

그건 주인공의 삶이 아니었다. 그들이라면 결코 이러지 않을 것이다. 침대를 박차고 나와 뛰어놀기 바쁠 테고, 친구들을 이끌고 거침없는 모험을 떠날 것이며, 어떤 어려움이 있더라도 용기와 패기로 우선 부딪치고 봤을 것이다. 나 또한 주인공이 되어 모두에게 사랑받고 싶었다. 그러나 조용하고 과묵한 주인공은 TV에서도, 현실에서도 찾아볼 수 없었다. 그때의 내가 할 수 있는 건 딱히 없었다. 가장 쉬운 방법은 좋아하는 걸 좋아하지 않는 것, 하고 싶지 않은 걸 억지로 하는 것이었다. 지금 돌이켜보면 왜 그렇게까지 했나 싶지만 25년 전 상민은 그렇게라도 해야 했다.

그러다 의외의 지점에서 뜻밖의 길을 발견하게 된다. 그건 만화가 담지 못하는 영역이자 오히려 주인공과는 정반대의 길, 정확히는 나보다 몇 살 위 형들에게 요구되던 '어른스러움'이었다. 선택보단 우연이었다. 부끄러움 많고 말수도 적은, 천진난만하게 웃고 재잘거리며 귀여움을 뽐내지도 못했던 아이는 그저 모든 걸 꾹 참고 어른들이 시키는 일만 묵묵히 해냈다. 몇 없는 선택지 속 불가피한 발걸음이었다. 그런데 어른들은 그때마다 칭찬과 쓰다듬을 보상으로 건넸다. 우리 상민이는 참 점잖다는 칭찬과 함께. 이상한 일이었다. 동시에 놀라운 사건이었다. 만화 주인공처럼 살지 않아도, 그런 아이가 아니어도 사랑받을 수 있다니. 늘 어른들의 관심과 인정에 굶주렸던 평범한 아이에게 그건 기적이었다.

그들의 기대에 나를 점점 맞춰가기 시작했다. 자연스레 더 과묵해졌고 어느 것 하나 내색하지 않는 데도 익숙해졌다. 물론 지금은 알고 있다. 감정을 꾹꾹 눌러 담는 삶의 태도를 너무 이른 나이부터 시작했다는 걸.

어쩌면 마음껏 웃지도 울지도 못하는 나의 오늘이 그때부터 시작됐는지도 모른다. 하지만 사람 일이 다 그렇듯이 또한 너무 늦은 깨달음이었다.

'만약 타임머신이 발명되면 언제로 가고 싶냐'는 질문을 종종 받는다. 그때마다 나는 그 시절의 김상민 어린이를 떠올린다. 제발 그러지 말라고, 가장 먼저 그때로 달려가 뜯어말리고 싶다. 웃고 싶을 때 웃고, 울고 싶을 때 울어도 아무 일도 벌어지지 않는다는 걸 알려주고 싶다. 더 애석한 건 그 말이 지금의 내게도 유효하다는 사실이다. 자랐지만 자라지 않은 거울 속 내 모습에 보통은 화가 나고 가끔은 안쓰러운 마음을 갖는다.

그래도 집에서는 타고난 모습대로 살 수 있었다. 부모님은 바깥세상과 궤를 달리하는 어른들이었다. 나의 내향성을 있는 그대로 바라봐줬다. 세상이 요구하는 방향으로 나를 닦달하거나 구석으로 내모는 일도 없었다. 덕분에 침대 위 공상의 시간과 스탠드 아래 활자 여행만큼은 정말 마음껏 즐길 수 있었다. 그 시간들이 모여 지금 이 글을 쓰고 있단 걸 알기에, 그들 품에서 자란 건 내게는 이루 가늠할 수 없는 크나큰 행운이다. 다만 나의 내향성뿐 아니라 점잖아지기로 한 이유마저 꿰뚫어

본 건, 그리고 그 사실을 지금까지도 부모로서 마음의 빚처럼 떠안고 계신 건 불운이자 불효다.

TV 앞에 앉아 있던 그때로부터 강산이 세 번 변했다. 적어도 그때보단 나아지지 않았을까 낙관하다 가끔 마주치는 요즘 아이들이 보는 콘텐츠에서 기시감을 느낀다. 당연히 걱정 또한 밀려든다. 밤잠을 설치며 자기다움을 의심할 리틀 내향인들의 얼굴을 떠올린다. 외향과 내향 중 내가 어느 쪽에 좀 더 치우친 사람인지는 사실 꽤 이른 나이에 본능적으로 알아차린다. 특히 나 자신에 대해 상대적으로 더 깊이 고민하고 탐구하는 내향인들의 눈치는 조금 더 기민하다. 만약 지금이 30년 전과 그리 다르지 않다면 스스로 정의한 내 모습과 유튜브 속 이상향 사이에는 꽤 큰 차이가 있을 것이다. 누군가는 좌절하고 누군가는 나도 앞으로 저래야겠다고 다짐하고 누군가는 사실 나도 저런 사람이 아닐까 착각한다. 그게 무엇이든 본래의 나를 부정하는 선택이다.

삶을 되감아보면 우리는 모두 거대한 테두리 속에서 성장하고 자라왔다. 그리고 그 테두리의 많은 부분은 외향인을 기준 삼아 그어져 있다. 특히 어린이들에게 제시되는 모범 답안의 테두리는 명백하게 한쪽으로 치우쳐 있다. 내향적인 아이들은 자신의 답안지와 어른들이 제멋대로 만든 답안지를 번갈아 확인하며 내색 한번 못 한 채 불안에 떤다. 100명의 아이가 하나의 정답 대신 각자 품는 100개의 답을 좇길 바란다. 그동안 걸어온 길이 밀려 쓴 답안지처럼 느껴지지 않았으면 한다. 말수 적고 조용한 아이도, 바깥세상보다 활자 세계에 더 심취한 아이도 그 모습 그대로 사랑받는 세상이었으면 한다. 누구처럼 점잖다는 칭찬에 목매는 아이가 없기를. 아이를 아이답게! 무슨 출마 선언문 같은데 그런 건 아니니 오해 없길 바란다.

이게 맞아

내 생활기록부를 들추면 낯선 한 줄이 눈에 들어온다. 고등학교 3년 내내 해온 학급 반장 이력. 알고 보니 나란 남자, 사실 야망 가득한 남자였던 걸까. 애초에 만화영화 주인공이 아니라 반대편 악당이 내 자리 아니었을까. 하지만 김상민 옴므파탈설은 얼마 못 가 힘없이 주저앉는다. 우선 야심 가득한 사람치곤 침대에 너무 오래 누워 있는다. 그리고 악당이 이렇게 낯을 가려서 무슨 대의를 이루겠나. 부끄럽고 미안한 마음에 부하들에게 뭐 하나 시키지도 못할 게 뻔하다.

"저… 저기 부하야! 미안한데 나 커피 한 잔만 사다

줄… 아… 아니야 내가 다녀올게, 나 법카 있어."

결국 홀로 이리저리 뛰어다니다 6개월 정도 지나면 번아웃이 올 게 분명하다. 게다가 나와는 굳이 치고받고 싸울 필요조차 없다. 손 편지 한 통 정도면 무난하게 화해할 수 있다. 만화영화 역사상 가장 매가리 없는 모험담일 것이며, 전례 없이 무해한 빌런으로 기억될 것이다. 3년간 해온 반장 생활 또한 야망과는 무관했다. 사춘기 시절 안일하게 끼운 첫 단추에 가까웠다.

그 시기의 나는 망상 하나에 사로잡혀 있었다. '리더십'이란 망령이었다. 7차 교육과정을 밟은 이라면 어렴풋이 기억할 것이다. 개발자 전성시대를 맞아 요즘 아이들이 코딩을 배우러 다니듯, 우리 때는 성공한 기업인을 롤 모델로 삼는 게 유행이었다. CEO들의 성공 비결이 단어 몇 개로 편리하게 정제되어 여기저기 남용됐다. 그중 대표적인 키워드가 리더십이었다. 미디어는 그들의 리더십을 영웅담처럼 그렸고 성공하기 위해 반드시 갖춰야 할 기본 소양처럼 조명했다. 서점 베스트셀러 자리는 재벌 총수들의 자서전과 그들의 성공을 리더십 관점에서 분석한 책들로 채워졌다. 당시 학생들에게 가장 큰 영향을 미치던 대학들도 걸음을 함께했다. 대학교 수시전형 곳곳에 뜬금없이 리더십이라는 글자가 붙기 시작했다. 이유는 모르겠으나 '글로벌'도 심심치 않게 붙었던 걸로 기억한다.

모두가 입을 모아 리더가 되어야 한다고 말했다. 사람들을 이끌고 당당히 그들 앞에서 목소리 높이는 삶, 그것이 올바른 어른의 표상이었다. 안 그래도 어떤 어른으로 자라야 할지 고민을 시작하던 때, 나는 기적의 3단 논리를 정립했다.

1. 나도 좋은 어른이 되고 싶다.
2. 좋은 어른이란 성공하고 인정받는, 재벌 총수와 같은 어른이다.
3. 그들처럼 되려면 리더십이 필요하다.

사실 가장 필요한 건 재벌 아빠라는 사실도 모른 채 김상민 군은 어른들의 이야기를 순진하게 믿었다. 여기에 입시 지옥이란 배경까지 얹어지자 가장 온순하던 학생은 가장 열렬한 투사로 변해갔다. 당선되면 데리버거 쏘는 존재, 그 이상도 이하도 아니었던 반장 자리에 야

욕을 드러내기 시작했다.

문제는 대충 봐도 그 자리가 나와는 안 맞을 거란 사실. 맨 앞에 나서 큰 소리로 말하는 데 아무 소질이 없다는 걸 이미 그때도 알고 있었다. 하지만 좋은 어른이 되고 싶다는 욕심이 커질수록 가장 나다운 모습과 거리를 둬야 했다. 반장 선거 때마다 손을 번쩍번쩍 든 이유였다. 나서지 못함을 잘 알기에 나설 수밖에 없는 자리로 내 자신을 밀어 넣었다. 어느새 낯가림과 부끄러움은 '극복'할 대상이 되었다. 내 안의 내향적 기질은 버리고 없애야 할 구시대 유물쯤으로 취급됐다. 의도치 않게 '점잖음'을 몸에 두르던 김상민 어린이처럼, 사춘기의 김상민 학생 또한 엉뚱한 곳에 삶의 좌표를 찍고서 부단히 노력했다.

결의에 찬 마음이 무색하게 첫 반장 당선은 어이없이 이뤄졌다. 고등학교 담임은 학급 반장을 선거가 아닌 입학 고사 성적으로 정했다. (반장=리더십이란 게 얼마나 어이없는 공식인지 그때 깨달았어야 했다.) 신기한 일이었다. 공부를 그냥저냥 했지만 반에서 1등을 하는 수준은 아니었다. 찍은 게 다 맞았다는 것 말고는 설명이 어려운 상황에 나는 그저 얼떨떨했다. 하지만 얼떨떨함은 얼마 안 가 알딸딸함이 됐다. 그건 외향인의 길로 들어선 나를 환영하는 웰컴 드링크와 같았다. 지금까지 품어온 내향인의 정체성을 덜어내고 성공하는 어른의 길, 외향인의 길을 걷자고 마음만 먹었을 뿐인데 시작부터 덜컥 행운이 찾아온 것이다. 벌써부터 느껴지는 성공의 내음새에 나는 한껏 취하고 말았다. 하지만 그 스윗한 한 잔은 이후 3년간의 숙취로 이어졌다.

고등학교 3년은 거의 모든 순간이 고역이었다. 성적표 속 숫자로 구국의 영웅과 대역죄인을 번갈아 오가는 수험생 생활은 이미 그 자체로 망가지고 비틀린 삶이었다. 그 위에 얹어진 반장 생활은 자진해 고통받는 마조히스트적 선택에 가까웠다. 홀로 일어서 "선생님께 경례"를 외치는 것부터 힘들어했으니 나머지 시간이 어땠을지 내향인 여러분의 상상에 맡기겠다. 물론 고난의 시간이 비단 내게 씌워진 감투 때문만은 아니었다. 나와 나 사이의 불협화음은 고등학교 3년 내내 이어졌다. 특히 학교생활은 본래 내가 지니고 있던 내향성과 작별하길 강요했다.

학교에서의 모든 평가는 철저하게 외향인 기준으로 이뤄졌다. 손들고 말해야만 추가 점수를 얻었고 수학 시간에는 모두가 보는 앞에서 문제를 풀어야 했다. 내 자리에서는 쉽게 풀리던 문제도 아이들의 눈길이 등 뒤로 느껴지는 순간 머리가 하얘졌다. 부끄러움을 꾹꾹 삼키며 겨우 풀어내도 더 큰 시련이 기다리고 있었다. 풀이 과정을 설명하는 시간이었다. 이제는 아이들의 시선을 정면으로 마주한 채 말을 이어가야 했다. 입술이 떨리고 팔은 부들거리고 이마에는 땀이 송글송글 맺혔다. 만화 영화가 그랬듯이 학교가 제시하는 올바름도 내향인에게는 너무 낯설고 가혹했다.

남중, 남고를 다닌 건 내향성을 더 억눌러야 하는 이유였다. 피 끓는 남자아이들을 제 발 아래 두려고 학교는 늘 고압적인 태도를 취했다. 수학 문제 하나 못 풀었다고 뺨을 때리거나 체육대회 예선 탈락을 이유로 반 전체가 기합받는 게 그리 이상하지 않은 곳이었다. '남자다움'은 획일적이고 폭력적인 교육 방침의 훌륭한 파트너였다. 그리고 내향적인 면모는 대체로 남자답지 못한 영역에 속했다. 등교 첫날부터 출석을 부를 때 작게 대답했다는 이유만으로 사내새끼 맞냐는 욕을 듣고 나니 내가 이곳에서 무엇을 택하고 무엇을 버려야 하는지 명확해졌다.

'남자다움'이라는 명찰을 단 폭력성은 아이들에게도 전염됐다. 특히 내향적인 친구들은 반에서 주도권을 쥔 미숙한 사내들의 좋은 먹잇감이었다. 내향인의 신중함은 쫄보라는 이름으로 희화됐고, 표출하는 대신 담아두고 생각하는 특징은 약육강식 세계에서 전형적인 약자의 태도였다. 아이들은 약자에게 천진난만하게 잔인했고 학교는 이를 묵과했다. 누군가에게 중고등학교 6년은 생활이 아닌 생존에 가깝다. 나도 그중 하나다.

'이게 맞아.'

고등학교 생활 내내 생존을 위해 되뇌던 문장이다. 마음속 오랜 자아가 이의를 제기할 때 주문처럼 이 문장을 속삭였다. 이건 좀 아니지 않냐는 내 안의 목소리를 타이르고 달래는 주문이었다. 나와 맞지 않더라도 방향은 정확하다는 자기최면이기도 했다. 내향인에게 호의적이지 않은 환경에서 내가 할 수 있는 유일하고도 무력한 방법이었다. 자기최면은 얼마 안 가 자기부정으로 이어졌다. 왜 맞는 방향으로 가려는데 따라오지 못하냐며 나 자신을 힐난했다. 세상 모두에게 사랑받고 싶어 세상에서 나를 가장 혐오하는 사람이 되어갔다. 이게 맞다는 확신과 그렇지 않을 거란 염려가 각자의 자리에서 조금씩 쌓여갔다.

대학에 가서도 달라진 건 없었다. (그 와중에 리더십을 좇아 경영학과에 간 건 참 곡할 노릇이다.) 반장 선거가 없는 대신 늘 관계의 한가운데를 자처해 들어갔다. 그러고는 너덜너덜해진 채로 빠져나오길 반복했다. 관계의 고단함에 시달릴 때마다 다시금 주문을 외웠다. 이게 맞다. 아니 이게 맞아야만 했다. 여기까지 와서 선택을 무를 수 없기에 더 간절하게 외쳤다. 하지만 어금니를 더 꽉 물수록 내가 어떤 사람인지는 이빨 자국처럼 선명히 남았다. 남이 보는 나와 내가 보는 나 사이의 거리는 어느새 가늠도 할 수 없을 만큼 멀어졌다. 그 간극은 결국 끝 모를 답답함과 외로움이 되어 돌아왔다. 나를 이해하는 사람이 세상에 아무도 없다는 답답함이자 앞으로도 없을 거라는 외로움이었다.

그러거나 말거나 시간은 무심히 흘렀다. 군대를 다녀왔고 복학을 했고 어영부영 지내다 대학 생활도 끝을 향해 치닫고 있었다. 드디어 취업의 최전선에 서게 됐다. 아무리 지옥 같았어도 결국 성공한 어른이라는 목표에 닿으면 만사 해결이라 믿었다. 하라는 대로 하며 살았고, 그들 말처럼 착실하게 하루하루 살아냈으니 이제 누가 봐도 고개를 끄덕일 멋진 회사 또는 직업을 가지면 될 일이었다. 쉽지 않겠지만 자신은 있었다. 어릴 때부터 수없이 되뇌던 '이게 맞아'가 '역시 이게 맞았어'로 증명될 순간이 정말 눈앞에 아른거렸다. 드디어 값진 결실과 마주할 최후의 순간, 안타깝게도 그 문장은 과거형이 되지 못했다. 습관처럼 외우던 문장 뒤에는 확신의 마침표가 아닌 구부러진 갈고리가 새겨졌다.

"이게 맞아?"

이게 맞아?

우리는 끝없이 믿음과 의심을 오간다. 믿음이 전진의 힘이라면 의심은 멈춤의 근거이자 방향 전환의 동력이다. 무엇을 믿고 무엇을 의심할지, 어디까지 믿고 어디부터 의심할지에 따라 삶의 고유한 결이 만들어진다. 그런 면에서 내 10대부터 20대 초반까지는 완전무결한 시간이었다. 우리가 알고 있는 것과는 조금 다른 의미의 완전무결이다. 믿음과 의심의 균형이 와르르 무너져 어떤 결도 만들어지지 못한 시절이었다.

철옹성 같은 믿음이 의심을 억누르고 집어삼켰다. 그 믿음은 외향인의 삶이 무조건 옳다는 확신이었다. 반대편 자아가 떠올릴 법한 의심은 철저히 무시됐다. 맹신은 잘못 정의된 '좋은 어른'과 손을 맞잡고 있었다. 성공하고 인정받는 어른이 되려면 외향인으로 거듭나야 했고 본디 타고난 기질은 떨쳐내야 했다. 지금 생각하면 전부 맞는 말이다. 처맞을 말.

물론 약간의 정상참작은 필요해 보인다. 외향인의 모습이 정답처럼 전시되는 사회에서 홀로 반기를 들기는 결코 쉽지 않다. 게다가 10대에게 그런 판단을 요구하는 건 조금 가혹하다. 그리고 처음엔 분명 순수한 믿음이었다. 좋은 어른을 갈망했을 뿐이고, 주어진 선택지 중 하나를 굳게 믿기로 한 것뿐이었다. 매일 듣는 노래 제목처럼 그건 아마 우리의 잘못은 아닐 것이다. 앞서 말했듯 우리는 믿음과 의심, 전진과 멈춤, 가끔은 초기화를 반복하는 시행착오의 동물이니까.

다만 필연적이었을 의심을 배격하고 나 자신을 부정하는 순간, 믿음은 합리화의 수단으로 쉽게 변질됐다. 스스로 가하는 폭력과 가스라이팅은 덤이었다. 명분이 합당하면 과정이야 어떻든 상관없다는 K-스러움, 소위 성공한 어른의 방정식을 참 정직하게 적용했다. 하지만 맹신의 마취가 영원할 수는 없었다. '이게 맞아'라고 되뇌던 주문에 물음표가 붙기 시작하자 의심은 한없이 퍼져나갔다.

그건 혼돈이자 정돈이었다. 줄곧 무너져 있던 믿음과 의심 사이 균형이 제자리를 찾아갔다. 생각의 추가 겨우 평행을 이루고 나서야 현실을 직시할 수 있었다. 물론 그 현실은 참담하고 황망했다. 내 삶은 여기저기가 텅 비어 있었다. 좋아하는 게 뭔지, 뭐가 되고 싶은지도 모르는 사람. 무엇을 위해 어떻게 살아갈지 단 한 번도 주체적으로 생각해본 적 없는 사람. 나는 누구이며 언제 행복하고 반대로 언제 불행해지는지 그 어떤 명쾌한 답도 못 내리는 사람. 백지영이 부릅니다. 그 사람이~~ 바로 나예요.

만약 이 책이 저명한 CEO의 자서전이었다면 과감한 자퇴와 본격적인 모험, 이어지는 창업과 성공 스토리로 채워졌겠지만 안타깝게도 지금 여러분 앞에 있는 저자는 '모여봐요 동물의 숲' 마을 관리 정도가 생애 최대의 경영 이력이다. 나는 소시민답게 소심히 리셋 버튼을 눌렀다. 그러고는 정확히 6개월 뒤 스위스행 비행기에 오르게 된다. 명분은 교환학생이었으나 내가 아는 모든 익숙함과 자발적으로 거리두기를 한 것이었다. 어른들의 훈수, 사회의 시선, 또래들의 술렁임에서 최대한 멀리

떨어지고 싶었다. 어차피 파도에 휩쓸릴 거라면 자진해서 바다에 나가겠다는 의지였다. 도망이긴 했지만 나름대로 목적은 분명했다. 시간의 원고지에 서술형 문제 하나만 풀어보자는 마음이었다. 스스로 출제한 문제는 다음과 같았다.

'지금까지 나는 누구였고, 지금의 나는 누구이며, 앞으로의 나는 누구일까?'

고립의 시간은 나를 양각하는 과정이었다. 관계를 떼어내고, 책임을 분리하고, 눈치 보는 요소들을 하나하나 제거하자 자연인으로서의 내가 선명히 도드라졌다. 가장 먼저 눈에 들어온 건 사람을 대하는 태도였다. 한국인, 심지어 아시아인도 좀처럼 볼 수 없는 곳에 홀로 놓였음에도 필연적인 외로움을 사람에 기대어 풀지 않았다. 나는 사람을 참 좋아하지만 하루를 관계와 약속으로 칠갑하는 부류는 아니었다. 그보다는 나 혼자만 즐기는 여유, 파티보단 방 안에서 와인 한 잔 곁들이며 보는 영화가 좋았다. 어릴 적 미드 〈프렌즈〉를 보며 꿈꾸던 '쏘 글로벌리'한 대화는 안중에도 없었다. 대신 이

방인으로서의 하루하루를 문장으로 기록하는 데 재미를 붙였다. 효율이라는 강박을 덜어내고 얻은 마음의 여유는 침대 위 공상과 잡념으로 채워 넣었다. 어? 그런데 이거 어디서 많이 보던 장면인데.

취리히에서의 일상은 15년 전 김상민 어린이의 하루와 그리 다르지 않았다. 교환학생이라 속이고(엄마 미안해 1) 수백만 원의 학비와 생활비를 들여(엄마 미안해 2), 설득의 이유였던 영어 공부는 뒷전으로 미룬 채(엄마 미안해 3) 익숙한 모든 것과 거리를 두고서야 나는 나의 원형이라 할 수 있는 모습과 재회했다.(엄마 반가워) 그건 잡음 없이 수신되는 주파수를 되찾은 일이었다. 왁자지껄 혼탁한 세상에 흐르는 내향인이란 이름의 은밀한 주파수였다. 믿음과 의심의 관계에도 지각변동이 일었다. 외향인이라는 무지성의 믿음과 내향인의 합리적 의심이 서로 옷을 바꿔 입기 시작했다. 비로소 내향이란 두 글자가 나를 정의하는 단어로 자리 잡아갔다.

물론 내향과 외향 사이 흔들림은 지금도 변함없다. 내향인에게 인간 세계란 여전히 녹록지 않은 곳이자 부자연스러운 세상이기에 어디까지 내향성을 발휘하고 어디까지 타협할지, 크고 작은 결정들이 이어진다. 그리고 이런 일련의 선택들은 나도 모르는 새, 또 다른 의미의 결이 되어 나아가는 중이다. 이건 과거의 완전무결했던 삶과 대비되는 진정한 의미의 결, 확실한 기승전결의 인생이다. 어른들의 왜곡된 바람이 담긴 만화영화도, 영웅 서사와 리더십으로 점철된 CEO의 자서전도 아닌 평범하고 소박한 기승전결의 브이로그다. 구독, 좋아요, 댓글, 알림 설정 부탁드린다.

문화심리학자 미셸 겔펀드(Michele J. Gelfand)의 조사에 따르면 한국은 세계에서 다섯 번째로 빡빡한 국가다. 여기서 빡빡함이란 사회 전반에 엄격한 규범이 흐르고 일탈에 대한 관용 역시 낮은 상태를 일컫는다. 한국은 파키스탄, 말레이시아, 인도, 싱가포르의 뒤를 이어 최상위권에 자리한다. 심지어 보수적이고 여전히 가부장적인 문화가 깊게 자리한 일본 사회보다도 앞선다. 당연히 이 결과 하나로 일반화할 수는 없겠지만 지금까지의 경험을 되짚어보면 마냥 틀렸다고 하기에도 망설여진다.

자기다움을 지키며 사는 게 쉽지 않은 사회다. 일제강점기와 군사정권, 가부장 문화로 이어진 기성세대의 영향도 있겠지만 그것만으로 이유를 정의하는 건 조금 안일해 보인다. 오히려 요즘 젊은 세대로 갈수록 더 경직된 시선으로 세상을 규정한다는 느낌은 나 혼자만의 착각일까? (부디 그랬으면 하는 바람이다.) 어쨌거나 남들처럼 살지 않으면 곧장 낙오자로 인식되는 사회에서, 오랜 시간 외향인이라는 이름표를 달고 살아왔다. 그렇게 보이도록 스스로 치장했고 많은 이가 나를 그렇게 알아왔으며, 어느 순간부터는 나 역시 그렇다고 믿었다. 그건 암묵적으로 강요된 시선에 굴복한 결과였다. 다행히 스스로 택한 스위스에서의 자가격리로 내 정체성만큼은 겨우 손에 쥐었지만, 지금 이 순간도 그걸 드러내고 향유하는 데는 많은 제약이 따른다.

내향인만의 이야기는 아닐 것이다. 절대다수가 이야기하는 '올바름'의 힘이 셀수록 그 떠밀림에 고통받는 이들은 어디에나 존재한다. 그중 누군가는 규범의 울타리 안에서 가짜 웃음을 짓고 있을 테고, 어떤 이는 경계를 오가며 안절부절못한 채 방황하고 있을 것이다. 오직 일부만이 그 테두리 바깥으로 당당히 걸어 나간다. 물론 그들 역시 불안에 떨고 매번 선량한 무례함에 시달린다.

당신이 셋 중 어디에 속하든 삶이 야속하다는 것을

떠올릴 수밖에 없다. 지극히 평범한 내가 이유 없이 평범하지 않은 쪽으로 분류되는 기분에 매번 답답하고 속이 터진다. 그 패배감이 쌓이다 보면 점점 화살을 내게 돌리기 시작한다. 내가 정말 문제 아닐까 되레 의심한다. 출처가 불분명한 기준에 부합하지 않는 나를 괜히 탓하게 되고, 벅찬 현실에 체념하며 수긍하고 적당히 타협하는 나에게 익숙해진다. 생기 있는 삶을 포기하는 나른한 선택이 많아지고, 나다움을 구성하는 본질이 점점 형체를 잃어간다. 나도 내가 언제까지 버틸 수 있을지 모르겠다. 그러나 1분 1초라도 더 오래 나로서 살아가기 위해 이따금 아로새기는 문장 하나가 있다. 사실 지금도 야근에 찌든 하루를 버티기 위해 그 문장을 마음의 맨 윗줄에 올려둔 상태다. 힘겨운 하루 끝에 서 있는 나, 그리고 여러분에게도 같은 문장을 건넨다.

> "사는 것이 버거운 이유는, 아직 자기 자신이 되지 못했기 때문이다."
>
> —칼 융

내향인이고 마케터입니다

"안녕하세요, 낮에 마케팅하고 밤에 글 쓰는 김상민입니다."

나를 소개해야 하는 자리에서 자주 꺼내 드는 문장이다. 그리고 이 자기소개 한 줄은 종종 두 갈래의 궁금증으로 이어진다. 대부분의 질문은 밤의 김상민으로 향한다. 각자의 터전으로 출근해 한낮을 견디는 우리에게, 퇴근 후 글 쓰는 삶이란 듣기만 해도 고단하다. 하지만 그 삶이 어떻게 굴러가는지, 무사하고 안녕한지 내심 궁금한 것도 사실이다. 자연스레 퇴근 후 작가 생활에 대한 질문들이 날아든다. 시간 관리와 글쓰기 루틴에 대해, 회사원과 작가로 살아가는 이중생활을 얼마나 지속할지에 대해, 그리고 2년 넘게 단 한 주도 빠짐없이 이어갔던 에세이 연재에 대해. 좋아서 하는 거라며 웃는 얼굴로 말하지만 사실 그 뒤에는 긴 한숨이 자리한다. 그럼에도 활짝 짓는 미소 앞에서 자본주의가 무사히 작동하고 있음을 확인한다.

반대로 어떤 호기심은 자기소개 앞쪽으로 향한다. 특히 오랜 시간 나를 봐온 이들은 낮에 마케팅하는 김상민을 궁금해한다. 사람 상대하기 어려워하고 낯도 많이 가리는 걸 알기에, 마케터로서의 내가 상상이 잘 안 되는 모양이다. 그럴 법하다. 몸담고 있는 브랜드가 까불기로 유명한 곳이기도 하고, 한 회사에서 8년째 어떻게 더 혁신적으로 까불지 고민하는 마케터로 일하고 있으니. 게다가 함께 일했던 인플루언서 동료들의 면면을 보면 그 사이에 낀 내 모습이 나조차도 어색하다.

나를 잠깐 물리고 생각해봐도 브랜드 마케터와 내향인의 조합에는 물음표가 따른다. 물론 마케터만큼 회사마다 그 역할이 다른 직군도 없겠지만, 매일 대중과 얼굴을 마주한 채 제발 우리 이야기를 들어달라 외치는 것이 내향인의 삶과는 아주 다른 궤적의 일인 건 분명하다. 이는 마케터를 꿈꾸는 많은 내향인의 실질적인 고민이며 나의 근심이기도 했다. 어떻게 마케터가 됐냐는 질문 앞에서도 매번 당황하기 일쑤다. 나도 어쩌다 여기까지 왔는지 솔직히 잘 모르겠다. 정말 어쩌다 마케터가 됐고, 마케팅이 이런 건지도 몰랐으며, 또 어찌저찌 우연의 우연을 발판 삼아 지금까지 왔다. 고백하자면 9년차가 된 지금까지도 브랜드 마케터가 내게 잘 맞는 옷인지 확신하지 못한다. 여전히 명랑만화 속으로 잘못 찾아온 회색 인간 같다는 기분을 지울 수 없다. 하지만 그 생경함을 뒤로한 채 8년이 지났다. 어쩌면 이 글은 내향인이자 마케터인 나의 아주 주관적인 사담이면서, 외향인의 세계에 위장전입 중인 수많은 내향인의 이야기일지도 모르겠다.

처음 마케팅 세계에 발을 들였을 때 내게 드리운 건 열등감이었다. 회사에는 '내추럴 본 마케터'들로 가득했다. (이제 그들을 '내본마'로 부르겠다.) 내본마 선생님들의 말과 행동에는 사람을 끌어당기는 마력이 존재했다. 내가 힘겨운 고민 끝에 겨우 입을 뗄 때, 그들은 너무도 편안히 말을 건넸고 대중 역시 그들의 말에 귀 기울였다. 자연스레 내본마 주변에는 사람이 따랐다. 철저한 팀플레이의 산물인 마케팅에서 더할 나위 없는 축복이다. 하지만 그 축복이 내게는 주어지지 않았음을 알게 됐을 때, 버티기 힘든 열등감이 엄습했다. 내향인에게는 어릴 때부터 축적된 감각이 있다. 하면 할 수 있는 것과 해도 안 되는 것을 가늠하는 감각이다. 수십 년간 쌓아온 머릿속 빅데이터를 들여다보니 안타깝게도 좋은 마케터의 자질에는 내가 아무리 노력해도 가질 수 없는 것이 너무도 많았다.

그럼에도 잘하고 싶었다. 뜻하지 않게 시작된 커리어라 할지라도 이왕이면 쓸모 있는 사람으로 남고 싶었다. 핀포인트 조명을 온몸으로 받으며 대중 앞에 서서 내가 기획한 캠페인을 멋지게 선보이고도 싶었다. 그런 바람이 내향인인 내게 어울리지도, 심지어 감당할 수 있는 모습도 아니었지만 마치 신분 세탁하듯 사회생활에서만큼은 오랜 시간 나를 지배해온 내향인의 영향에서 벗어나고 싶었다. 아마 많은 내향인이 비슷한 바람을 한 번쯤은 품어봤을 것이다. 그러나 대부분은 어김없이, 처참히 실패한다. 나 역시 무대 위 주인공 자리가 내 것이 아님을 얼마 지나지 않아 깨달았다. 내 차례를 기다리기에는 타고난 마케터가 너무도 많았다. 새로운 관점으로 이 일을 바라봐야 했다. 주인공보단 조연으로, 조연이 어렵다면 단역으로, 그것도 허락되지 않는다면 무대 위가 아닌 백스테이지에서 내 역할을 찾아보기로 했다.

가장 먼저 발견한 재능은 텍스트였다. 실은 재능보단 잔재주에 좀 더 가까웠다. 쉽고 위트 있는 카피를 브랜드 DNA로 머금은 회사 특성상, 크고 작은 카피 회의가 자주 열린다. 그때마다 나의 역할은 분명하다. 아이디어의 방향이 한쪽으로 쏠릴 때마다 정반대 관점에서 아주 이상한 카피를 던진다. 때로는 진짜 될 것 같아서가 아니라 그냥 한번 웃기고 싶은 열망에 사로잡혀 드립을 날린다. 열에 아홉은 웃기는 해프닝으로 끝나지만 가끔 최종 아이디어의 단초가 되기도 한다. 야구에 비유하면 7번 타선쯤에 배치될 공갈포 타자의 역할이다. 날아오는 공에 매번 배트를 휘둘러 대부분은 시원하게 헛스윙이지만 이따금 제대로 맞아 담장을 넘긴다. 타율은 낮아도 타점이 높다 보니 결정적인 상황에서 대타로 활용되기도 하고 기대하지 않은 깜짝 활약을 하기도 한다. 그렇게 유머와 위트는 내가 최초로 발견한, 그리고 몇 안 되는 마케터로서의 재주였다.

놀랍게도 이 역시 나의 내향인스러움 중 하나다. 내향인이 매번 진지하고 심각할 거라는 편견은 절반만 맞는 얘기다. 필요 이상의 많은 시간을 심각한 고민에 할애하지만 그 고민에는 어떻게 하면 사람들을 웃길까도 포함돼 있다. 우리도 여느 사람들처럼 관심이 필요한 존재다. 아니, 어쩌면 더 큰 결핍에 시달리며 사는지도 모르겠다. 그런 의미에서 내향인에게 유머는 관심을 얻기에 꽤 괜찮은 수단이며 때로는 여기 좀 봐달라는 간절한 구조 신호이고, 어두운 내면을 감추려 사력을 다해 끌어다 쓰는 밝은 빛이기도 하다. 물론 앞에 나서는 것보단 익명의 품이 편하기에, 유머 재롱 잔치를 벌이는 주요 활동 무대는 유튜브 댓글창이나 커뮤니티다. 익명에 숨어, 활자에 숨어 내면 깊숙한 곳에 자리한 관종 기질을 박리다매로 펼쳐 보인다. 카피라이팅이라는 나의 소소한 재주 역시, 어린 시절 버디버디부터 단련해온 채팅과 온갖 댓글 훈련의 결과였다.

속세에서는 나 같은 인간 군상을 두고 샤이관종이라 하는데 딱히 저항할 마음은 없다. 그래, 이쯤 됐으니 인정하겠다. 관심받고픈 마음이 나를 드립 깎는 노인으로 만들었다. 그런데 주변을 둘러보면 나 같은 사람 한

둘은 있을 것이다. 평소 조용하다 난데없이 드립을 날리는 친구. 나 역시 종종 그런 부류의 사람과 마주친다. 그럼 이내 서로를 알아보고는 '야나두'의 눈빛을 교환한다. 그 눈빛에는 반가움과 짠함이 동시에 묻어 있다. 무심히 뱉은 드립 같아 보여도 분명 그 뒤에는 숱한 시행착오가 있었으리라. 타이밍 좋게 들어가야 한다는 조바심은 물론이다. 아무 반응 없으면 어쩌지 같은 초조함 역시 서려 있다. 마음 같아서는 하루 일정량의 관심을 내향인에게 주어야 한다는 법이 있었으면 좋겠다. 법의 이름은 관심법이 좋겠다.

물론 마케터로서 살아온 8년을 잔재주로만 버티진 않았다. 정말 그랬더라면 사회생활의 베어 그릴스, 회사 생존 전문가로 이름을 날렸겠지. 재밌게도 내향인의 조각들이 꽤 큰 도움을 준다. 이를테면 내향인 특유의 예민함이 마케터 관점에서 장점으로 활용된다. 내향인이 인간관계를 어려워하는 건 사람 사이에 흐르는 미묘한 시선과 비언어적인 기류에 너무도 민감해서다. 오가는 말 하나하나에 의미를 부여하는 건 물론이고 찰나에 드러나는 표정 변화를 기가 막히게 캐치하며, 문장 사이를 채우는 작은 숨소리에서 마음의 온도를 감지해낸다. 이런 말까지 하면 좀 무섭겠지만 헤어질 때 나누는 악수에서도 손잡고 있는 시간과 두 손이 떨어질 때의 느낌으로 상대의 마음을 가늠한다. 그렇게 내향인들은 늘 미어캣 자세로 눈치를 살피며 머릿속에서 어떤 말을 어떻게 해야 할지 가상의 대본을 쓰고 지운다.

그런데 인간관계에서 이런 신중함이 대중과 커뮤니케이션하는 데 꽤 좋은 태도로 자리한다. 더군다나 요즘처럼 예민한 감각이 빛을 발하는 시대에 내향인의 조심스러움은 흔히 놓치고 지나갈 수 있는 디테일을 바로잡는다. 본의 아니게 불편을 느낄 몇몇 얼굴을 떠올리며 기획의 마지막 빈틈을 메우고, 동물권처럼 다양한 층위로 확대된 요즘 시대의 정서를 유려하게 반영한다. 물론 조직 생활의 힘겨움 또한 이 예민함에서 비롯된다는 게 함정이지만 마케터 세계에서는 꽤 근사한 장점으로 발휘될 수 있다. 가끔 나의 예민함이 지나친 오지랍이나 민폐 아닐까 눈치 보일 때는 니체 선생님의 말을 곱씹으며 스스로에게 힘을 실어준다.

"개선이란 무언가가 충분히 좋지 않다고 느낄 수 있는 사람들에 의해 창조됩니다."

내향인도 좋은 마케터가 될 수 있냐고 또 묻는다면 여전히 나는 잘 모르겠다는 대답만 반복할 것 같다. 하지만 내향인이라 좋은 마케터가 될 수 없다는 결론에는 팔을 걷어붙이고 반박하고 싶다. 외향인만 할 수 있고, 내향인이라 할 수 없는 건 애초에 존재하지 않는다. 다른 사람들은 미처 생각지도 못한 노력이 필요하거나 시간이 더 걸릴 수는 있겠지만, 불가능하다 단언하는 건 전혀 다른 문제다. 물론 내향적인 성격은 인간관계와 사회생활에 약간의 핸디캡인 건 분명하다. 고백하자면 조직 생활을 하면서 어려움에 직면할 때마다 나의 내향성을 문제의 주범처럼 생각한 때가 적지 않다. 특히 마케터 커리어를 막 시작했을 무렵, 처음이라 당연한 실수 앞에서도 내가 내향인이라 그렇다는 절망에 자꾸 몸을 기댔다. 그렇게 자조하고 타협하는 것만큼 손쉬운 건 없다. 하지만 자조는 삶을 버티어가는 데 어떤 동력도 제공하지 못한다.

영화 〈밀정〉에는 송강호, 공유보다 더 인상 깊은 배우가 등장한다. 의열단 잡는 친일파 경찰, 하시모토 역의 엄태구 배우다. 영화를 봤다면 단번에 기억할 정도로 정말 살벌한 연기를 보여준다. 그런데 최근 어느 예능에서 엄태구 배우가 실은 어마어마한 내향인이란 걸 알게 됐다. 웬만한 내향인은 명함도 못 내밀 만큼, 심지어 저 사람 사회생활은 가능할까 싶을 정도로 수줍음 가득한 사람이었다. 다른 사람과 눈도 제대로 못 마주치는 사람이 연기할 때는 그렇게 돌변하는 게 참 놀라우면서 묘한 힘을 준다.

어찌 보면 마케터도 배우와 결이 비슷한 사람들이다. 내가 아닌 브랜드라는 가면을 쓴 채 대중의 파도 앞에 선다. 브랜드란 가면 뒤에 숨어 있다 생각하면 마음 저편에 잠들어 있던, 내게도 분명히 존재하는 외향의 심지에 불이 붙는다. 숨는 건 결코 비겁한 일이 아니다. 오히려 실오라기 하나 걸치지 않은 상태의 나를 방치하는 게 더 현명하지 못한 태도다. 아마 지금도 숱한 내향인이 각자 나름의 가면 뒤에서 슬기로운 사회생활을 이어가고 있을 것이다. 내향인의 단점과 한계를 전혀 다른 지점에서의 장점으로 돌려막으며 저마다 탄탄한 커리어를 걷고 있을 것이다. 어디서든 잘하고 있을 거라 믿어 의심치 않는다. 모두의 건투를 빈다.

내향인이고 팀장입니다

9년 차 직장인의 삶, 뭉뚱그려 일반화하면 다들 고민에 허우적대는 시기다. 물론 고민 없는 직장 생활이 있겠냐만은 불변의 진리로 통용되는 3-5-7법칙, 3년 차와 5년 차, 7년 차에 찾아오는 슬럼프를 통과했음에도 고뇌는 계속된다. 3년 차엔 적성, 5년 차엔 성장 가능성에 대해 고민하고, 7년 차에 내 역량과 처우 사이에서 저울질한다면, 그 시기를 모두 지난 9년 차의 오늘은 전혀 다른 문제와 씨름 중이다. 직장 생활의 새로운 챕터를 앞두고 맞는 전전긍긍의 고민이다.

회사에는 자연스러운 흐름이 존재한다. 실무자에서 관리자의 영역으로 나아가는 변화다. 비브라늄 수저가 아니라면 대부분 신입 사원으로 첫발을 내딛는다. 그러다 한 발 늦게 들어온 누군가의 어리숙한 사수가 된다. 고작 1~2년 먼저 들어왔다는 이유로 어깨에 힘 잔뜩 주던 캠퍼스 시절의 흑역사를 회사에서는 반복하지 않는다. 오히려 하나하나 알려주며 내가 더 배우고 성장한다. 성장의 폭만큼 점점 더 많은 후배를 챙길 줄 아는 원숙한 선배가 되어간다. 운이 좋다면 파트장, 팀장, 부문장까지 쭉쭉 나아갈지도. 그렇게 나만 잘하면 되는 환경에서 함께 잘하는 법을 고민하는 사람으로 성장한다.

그런데 예전부터 나는 이 자연스러운 흐름을 두려워했다. 두려운 나머지 필사적으로 거부하기까지 했다. 새로운 일에 별 두려움이 없고 일 욕심도 많은 편이지만 관리자의 세계로 발을 내딛는 건 조금 다른 문제였다. 그건 일의 범위뿐 아니라 관점의 전환이었다. 더군다나 진짜 무서운 건, 하기 싫다 하여 언제까지고 거부할 수 없다는 사실이었다. 연차가 쌓일수록 관리자의 역할이 하나하나 부여되는 건 어느 조직에서든 당연한 섭리였다. 팀 안에 후배 마케터들이 늘어가자 조바심이 들기도 했다. 그건 아주 이상한 조바심이었다. 팀장을 못 달아 생기는 조바심이 아니라 다음 순서가 나일지도 모른다는 두려움이었다. 그토록 도망치고 싶었던 이유는 뚜렷했다. 잘 해낼 자신이 없었다. 그 중심에는 나의 내향적 면모들이 단단히 자리하고 있었다.

리더는 결정하는 사람이다. 그러나 의사결정자로서의 나에 대해 자신이 없었다. 안 그래도 생각의 과잉에 시달리는 내향인에게 그 자리는 너무도 부담스럽다. 물론 생각을 많이 하는 만큼 옳은 결정일 확률 또한 높겠지만 그 과정에서 가늠조차 어려운 번뇌에 시달릴 게 분명하다. 게다가 회사에서 해야 하는 의사결정은 집에 편안히 누워 '오늘 뭐 먹지' 고민하는 것과는 차원이 다르다. 내 결정에 따라 동료의 피, 땀, 눈물이 허무히 증발하기도, 차곡차곡 쌓아온 노력이 무의미해질 수도 있다. 그 사실이 나를 더 신중하게 만들 것이다. 자연스레 결정은 계속 유예될 것이다. 오랜 미덕이던 신중함은 오래된 미더덕 씹는 답답함으로 변질되고 말 것이다. 완벽을 기하려는 머뭇거림 때문에 의사결정의 골든타임을 빈번히 놓친다면 결코 좋은 리더라 할 수 없을 것이다.

생각 많은 내향인들은 결정의 책임 또한 과도하게 짊어지는 경향이 있다. 장고 끝에 뭘 먹을지 골랐다면, 힘겨웠던 결정을 보상받으려는 듯 세상에서 가장 맛있

게 먹어야 한다는 강박에 쉽게 빠진다. 내가 딱 그런 부류의 인간이다. 책임감이 강한 거라고도 볼 수 있다. 여기서 책임감은 얼핏 선의로 가득한 단어처럼도 들린다. 살면서 마주해온 온갖 무책임한 사람을 떠올리면 그건 문제가 아니라 팀장으로서의 장점일 수 있다.

그러나 나의 지난 역사 속에서 과도한 책임감은 일상을 뒤흔드는 주범이었다. 책임감에 잡아먹히는 순간, 삶의 균형을 내 손으로 무너뜨리기 일쑤였다. 응당 누려야 할 행복을 재물로 바쳐 불행과 고생을 자처했다. 소위 사람들이 이야기하는 워라밸이 무너지는 순간이다. 사회인으로서 인정받더라도, 퇴근 후 자연인으로서 마주해야 하는 황폐한 일상은 불가피했다. 회사는 나 같은 소시민에게 든든한 버팀목이 되어주지만 퇴근 이후에는 어느 누구도 그 짐을 나눠 들지 않는다. 온전히 내가 책임지고 보살피고 꾸려가야 한다. 그런 의미에서 팀장 자리는 워라밸을 어느 정도 포기하겠다는 각서와 다름없어 보였다.

요리 보고 조리 봐도 리더는 내 지향점이 아니었다. 신속 정확한 의사결정자가 될 자신도, 그 버거운 결정의 짐을 떠안을 자신도 없었다. 원체 야망과는 거리가 먼 사람이기도 하지만 자신 없는 건 늘 깨끗하게 포기하며 살아왔기에, 리더라는 선택지는 내 미래 어디에도 없었다. 물론 지금 이런 글을 쓰고 있다는 건, 그런 사람이 팀장이 됐다는 충격적인 사실을 전하기 위함이다. 그리고 가장 큰 충격을 받은 사람은 당사자인 나라는 걸 말하고 싶다. 지금 이 순간도 마음이 얼얼하다.

사실 안 될 이유는 없었다. 연차도 찼고 내가 처음부터 기획하고 참여해온 일이 프로젝트 단위에서 팀으로 승격됐으니 어쩌면 꽤 이상적인, 그리고 자연스러운 수순이었다. 게다가 공식적인 직책을 맡지 않았을 뿐 이미 이전부터 팀장과 다름없는 역할을 해왔기에 나여야만 하는 건 아니나 내가 안 될 이유 또한 없었다. 게다가 엄밀히 말해 팀장이 됐다 하여 맡은 일이 크게 바뀌지도, 무언가 대단한 변화를 맞은 것도 아니다. 하지만 그런 당위성이 있다는 것과 현실로 마주하는 건 언제나처럼 다른 문제다.

아무것도 변한 게 없는데 모든 게 변한 듯한 느낌을 아실런지. 어제까지 시시덕거리며 농담을 주고받던 동료들과의 사이에 괜히 벽 하나가 생긴 기분이었다. 물론 팀원들에게 이런 말을 한다면, 헛소리 그만하고 운

영비로 커피나 마시자고 할 테지. 맞다. 그냥 나 혼자 갖는 이상한 마음이다. 당연한 얘기지만 한 팔에 완장을 찼다는 데서 오는 우월감 따위가 아니다. 오히려 정반대의 감정이다. 민망함과 부끄러움, 약간의 미안함이다. 아마 그건 아주 오래전부터 내재돼온 생각 때문일 것이다. 그동안 품어봄 직했을 모든 야심 찬 발걸음을 멈춰 세운 걸림돌 같은 문장이기도 하다.

"김상민, 니가 뭐라고."

지금까지 단 한 번도 나 자신에게 만족한 적이 없다. 이게 완벽주의인지, 바닥을 기는 자신감인지, 아니면 자기혐오의 색을 띤 콤플렉스인지 모르겠으나 뭐가 됐든 스스로에게 떳떳하지 못한 건 분명하다. 팀장을 맡게 된 오늘을 바라보며 갖는 생각이기도 하다. 나의 내향성을 누구보다 잘 알기에, 또 그런 면모들이 훌륭한 팀장과 부합하지 않음을 직감하기에 자꾸만 그런 감정이 치민다.

흔히 리더의 대표적인 덕목으로 묘사되는 당근과 채찍을 예로 들면, 나는 내 손에 쥐어진 그 두 가지 중

오직 당근에만 익숙한 사람이다. 진심 어린 칭찬과 격려는 당근마켓 수준으로 무한히 가능하다. 그러나 채찍은 들 때부터 손이 벌벌 떨린다. 피드백을 넘어 쓴소리가 필요한 순간은 상상만 해도 아찔하다. 물론 상급자로서, 또는 함께 일하는 동료로서 응당 말을 해야 할 때도 있다. 실제로 지난날 그런 경험이 없었던 것도 아니다. 다만 어설프게 채찍을 한 번 휘두른 날엔 매번 흉포한 후폭풍에 시달렸다. 그때마다 나를 메우는 건 익숙한 생각과 문장들이다. 김상민 니가 뭔데, 너는 뭐 얼마나 대단하다고.

사내 인트라넷에서 팀장 임명 공지를 확인한 날, 역시나 같은 생각을 떠올렸다. 다만 벌어지지도 않은 일을 무서워하며 비관에 빠지는 것과 현실이 되어 눈앞에 닥쳤는데도 그러고 있는 건 완전히 다른 일이다. 전자가 스스로 가하는 자해의 상상이라면 후자의 상황은 민폐도 그런 민폐가 또 없다. 더는 그럴 수 없었다. 결국 시시때때로 모습을 드러내는 그 문장을 소환해 손을 잡고 눈을 맞췄다. 흡사 무한상사의 '그랬구나'와도 같은 상황. 마음 같아서는 길 사원에게 일침을 가하던 박 차장님처럼 "그 정도로 했으면, 이제 그만 빠져라~"라고

하고 싶지만 꾹 참고 차분히 바라본다. 김상민 니가 뭔데라고 말하는 너는 대체 뭔데. 아니 뭔데요. 아니 뭐신데요.

답은 여전히 찾는 중이다. 다만 중간 결과를 공유하면 완벽주의를 의심하고 있다. 김상민 자기혐오 조사위원회의 1차 보고에 따르면, 나에게 들이미는 잣대의 허들이 하루가 다르게 높아지다 결국 완벽주의로 치달은 걸로 추정된다. 완벽주의는 무언가를 완벽하게 하려는 꼼꼼함이 아니다. 완벽하게 할 수 없는 걸 완벽하게 하려는, 밑 빠진 독에 물 붓기다. 더군다나 완벽할 수 없는 사람이 헛된 꿈을 꾸며 발버둥치는 건 스스로 삶을 피폐하게 만드는 가장 빠른 방법이다. 게다가 우리 대부분은 이미 태생적으로 완벽하지 못한 존재들이다. 바꿔 말해 완벽한 팀장 또한 있을 수 없는 법이다. 그런데 나는 그 이룰 수 없는 목표에 줄곧 시선을 두고 있었던 것 같다. 내가 팀장이 된다면 모두가 수긍하고 따르고 싶을 만큼 완벽해야 한다는 강박이, 실패 없는 의사결정을 해야만 한다는 부담이, 아직 나는 그리 되기에 부족함이 많다는 자격지심이 그토록 나를 옥죄었다.

실제로 팀장 승진은 포켓몬 진화와 달랐다. 갑자기

능력치가 향상되고 없던 기술을 쓸 수 있는 게 아니었다. 팀장이 됐다 하여 카피가 더 잘 나오지도 않았고, 데이터 보는 능력이 향상되지도 않았으며, 오히려 처음 해보는 인사 평가와 팀 세팅의 고민 등으로 되레 더 허둥대고 있다. 일의 범위가 조금 넓어지고 달라졌을 뿐, 여전히 완벽하지 못한 한 명의 미생으로 출근한다. 그리고 완벽하고 고결한 팀장의 모습은 이번 생에 어려울 거라는 확신으로 퇴근한다.

놀라운 건 어찌저찌 팀이 굴러가고 있다는 사실이다. 해오던 일은 계속 무탈히 이어지고 있고, 막연한 목표로 품고 있던 프로젝트를 현실로 구현해 성공적으로 마쳤다. 지금은 더 큰 단위의 캠페인을 준비 중이다. 아마 인력도 충원할 것으로 보인다. 걱정과 달리 나 또한 꽤 즐겁게 일하고 있다. 팀장 회의에 참석하며 회사의 전사적인 그림을 볼 수 있는 것도 흥미롭고, 동료의 성장을 조금 더 명분을 갖고 도울 수 있는 건 가장 뿌듯한 경험이다.

고작 몇 달의 경험이 전부지만 핸들을 직접 잡는 운전사만이 전부가 아님을 알게 됐다. 올바른 방향과 주의사항을 넌지시 알려주는 내비게이션의 역할도 썩 나쁘지 않다고 느끼는 요즘이다. 중요한 건 내 역할이 뭔지가 아니다. 빼어난 동료들과 재미난 일을 벌이며 즐겁게 회사 생활을 하는 것이 내게는 나인 투 식스의 가장 큰 이유다. 다시 말해 내가 북 치고 장구 치고 다 하는 운전자가 아니어도 된다. 그저 우리가 탄 차가 올바른 목적지로 무탈히, 즐거운 마음으로 도착하면 그만이다. 그 여정에서 나는 적절한 BGM을 골라 흥을 돋우고, 피곤해할 운전자 입에 회오리감자를 넣어준다. 뒷좌석에 앉은 팀원이 심심하지 않게 말을 걸고, 자고 있다면 라디오 음량을 슬며시 줄인다.

목적지와 가는 방법은 함께 논의하면 된다. 나 혼자 골머리 썩지 않아도 되고, 내가 가장 잘 알아야 한다는 강박 역시 가질 필요 없다. 나보다 더 잘 아는 이가 있다면 기꺼이 힘을 실어준다. 그의 기획과 아이디어가 실현되려면 나는 어떤 도움을 줘야 하는지, 팀장으로서 갖게 된 조금 더 크고 넓은 권한을 하나하나 살핀다. 이유도 명분도 모른 채 억지로 합승하는 여정이 아니었으면 한다. 우리 모두가 고개를 끄덕이는 곳으로 약간의 설렘과 기대를 갖고 떠나는, 조금 느리지만 즐거운 여행이면 충분하다.

목적지로 향하는 차 안에서 이런저런 생각을 떠올린다. 그동안 나 혼자 못할 거라 단정하고 외면해온 일이 얼마나 많았을까. 물론 내가 어떤 사람인지 정의하는 건 매우 중요하다. 나 역시 내가 품은 내향성을 면밀히 관찰하고 인지해온 덕에 나의 세계를 더 세밀하게 구축할 수 있었다. 그러나 누구보다도 나에 대해 잘 알고 있다는 확신이 가끔은 자만으로 번진다. 그리고 오히려 그때부터는 일종의 지식의 저주에 빠지고 만다. 스스로 족쇄를 채우고 더 뻗어갈 수 있었던 여정을 내 손으로 멈춰 세운다.

생각해보면 지금의 직장 생활 자체가 내가 날 잘 알고 있다는 착각의 가장 대표적인 근거다. 예나 지금이나 모든 종류의 조직 생활을 끔찍하다고 생각하기에 솔직히 출근 첫날에는 3년도 못 버틸 거라 생각했다. 그러나 지금 나는 9년 가까이 한 회사에서 마케터로 일하고 있다. 팀장까지 하는 건 어떤 상상에도 없던 미래였다. 그뿐만 아니라 조직 생활에서 줄곧 발목 잡을 줄 알았던 내향인의 면모가 마케터로 성장하는 데 도움이 되고 있다. 심지어 일하는 환경과 시스템을 구축하는 팀장 역할에도 쓸모 있게 기여하는 중이다. 이쯤 되니 나를 잘 알고 있다는 확신이 조금은 희미해진다.

나의 한계를 내가 정할 필요는 없다. 이미 세상에는 나의 부족함을 알려줄 능력자들이 상시 대기 중이다. 내 한계선을 긋고자 안달 난 온갖 부조리 또한 부족함 없이 준비돼 있다. 내가 거기에 힘을 보태야 할까. 나 자신을 누구보다 잘 아는 것도 나지만 그런 나를 누구보다 믿고 기다리고 지지해줘야 하는 사람 역시 나다. 결국 자기 자신의 부족함을 깨어나가야 하는 것도 각자의 몫임을 새삼 상기해본다. 나는 나를 꾸짖는 징벌자가 아니라 함께 어떻게든 해보자고 북돋는 조력자가 되어야 한다. 특히 내향인이라면 더더욱 그러하다.

#가보자고

처음 팀장이 되어 팀의 방향성을 논의하는 자리에서 맨 마지막에 띄운 문장이다. 동시에 직장 생활에서 더 위를 바라보는 걸 망설이는, 나와 비슷한 자격지심에 시달리는 내향인들에게 하고픈 말이기도 하다. 솔직히 나도 잘 모르겠다. 팀장 역할을 얼마나 오래 할 수 있을지, 혹시 그다음이 또 있을지, 아니면 벽에 부딪쳐 박

살 나 역시는 역시였다고 회고할지. 나조차 앞으로에 대해 어떤 가늠도 할 수가 없다. 다만 확실한 건 머물러 있으면 어떤 변화도 없다는 것. 한 발이라도 나아가야 약간의 변화라도 일으킬 수 있다는 것. 그래서 우선 가보려 한다. 최소한 누군가에게는 쓸모 있는 레퍼런스가 될 수 있지 않을까 바라며 마음속 네 글자를 되새긴다. 가보자고. 가보자. 함께 가보자. 지금 내가 타고 있는 차는 입을 모아 외치는 구호로 내내 시끄럽다. 그리고 지금 이 순간도 어디론가 나아가는 중이다.

가족 같은 회사

회사는 다닐수록 참 재미난 곳이다. 반복되는 나인투 식스는 무력한 권태로 이어지지만 한 발 떨어져서 보면 이보다 생기 넘치는 광경이 또 있을까 싶다. 각기 다른 배경의 사람들이 모여 같은 문제를 고민하고 차츰차츰 해결해가는 걸 목격할 땐 숭고한 감정마저 든다. 어쩌면 인간이 가장 인간다움을 발현하는 곳이 회사 아닐까. 오늘날 아무리 인간 혐오의 근거가 차고 넘친다 해도 이런 유기적인 시스템을 창조한 걸 보면 괜한 희망을 갖게 된다.

그러나 서점 한구석을 가득 메운 퇴사 관련 책들은 그게 전부가 아님을 말한다. 회사에는 정반대 온도의 인간다움도 그득하다. 생존 본능, 성공을 위한 야망, 인정받고 싶은 욕구, 사람 사이 빚어지는 오해, 감정의 충돌까지. 이성으로 직조한 시스템 아래 정글과 다름없는 감정 역시 들끓는 곳, 나는 회사를 그렇게 정의해본다. 내향인도 그 정글의 일부로서 살아간다. 물론 우리의 역할은 사자보단 톰슨가젤, 아니 풀때기에 가깝지만.

내향인에게 호의적이지 않던 세상이 회사에 왔다고 달라질 리 없다. 심지어 회사는 들어가는 것부터 녹록지 않다. 모든 취업 과정에서 반드시 거쳐야 하는 면접 상황은 내향인에게 블랙코미디에 가깝다. 우리 엄마한테도 해본 적 없는 속 깊은 이야기를 처음 보는 사람 앞에서 털어놔야 한다니. 그것도 당당한 어조와 힘찬 목소리로. 또 왜인지는 몰라도 면접관의 눈을 똑바로 응시해야 한다. 내향인에게는 어느 것 하나 익숙한 구석이 없다. 낯선 상황에 한 번, 그걸 어떻게든 해보겠다고 발버둥치는 내 모습에 또 한 번 놀란다. 별수 없이 치미는 긴장에 입술만 파르르 떨릴 뿐이다. 내가 이 회사에 쓸모 있는 사람이라 생각해 지원했고 그 생각이 옳다는 걸 투명하게 보여줘야 하는 시간, 그러나 가장 나다운 모습은 철저히 숨겨야만 하는 모순의 연속이다.

연차가 쌓이다 보니 종종 면접관으로 들어갈 때가 있다. 가끔은 지원자의 첫인사만 들어도 작은 확신이 생긴다. 수십 년간 자리해온 외향 근육의 인사와 영혼을 끌어모은 억지 밝음의 인사는 손쉽게 구분된다. 지금 내 앞에 두 손을 모으고 있는 이가 나와 같은 부류의 사람이라 느낄 때, 반가움보단 미안함이 앞선다. 나도 과거에 겪었던 난처한 상황 속으로 같은 세계 사람을 밀어 넣었다는 자책감일까. 정말 잘 치렀으면 하는 바람은 확실하다. 물론 면접 중에는 그런 감정을 꾹꾹 누른 채 건조한 시선을 유지한다. 그러다 마지막 인사를 나눌 즈음에야 원래의 마음을 되찾는다. 후련함, 아쉬움, 기대감, 불안함, 그리고 아직 붙들고 있는 가짜 밝음까지. 여러 감정이 뒤얽힌 눈동자와 마주치자 애써 외면했던 동질감이 샘솟는다. 그렇게 돌아서는 지원자의 등을 보며 홀로 씁쓸히 인사한다.

'사는 게 참 쉽지 않죠? 그래도 우리 잘 헤쳐나가 봐요. 고생 많았어요.'

취업에 성공하더라도 본게임은 이제 시작이다. 신입 사원을 향한 기대에는 많은 기시감이 묻어 있다. 그건 어른들이 어린아이에게 갖던 바람과 소름 돋을 만큼 비슷하다. 신입은 밝고 당차고 늘 파이팅 넘쳐야 한다. 소위 요즘 애들의 젊은 에너지를 보여줘야 한다. 그러나 취업하느라 그 에너지를 다 쓴 청춘들은, 특히 무리 속에 있을 때 에너지가 쉬이 방전되는 내향인은 그런 요구들이 난처할 따름이다. 게다가 싱그러움을 요구받는 신입 사원들은 불과 얼마 전까지 학교에서 고생대 생물로 취급받던 이들이다. 어제는 고인 물, 오늘은 신생아. 참 적응하기 힘든 평행 세계다.

뉴페이스를 향한 관심도 영 부담스럽다. 다행히 나의 경우 무례하거나 선 넘는 질문과 마주한 적은 없지만 시시때때로 펼쳐지는 김상민 주연의 공개 퀴즈쇼는 늘 머리가 하얘지는 경험이었다. 공과 사를 넘나드는 질문 포화 속에 싸이월드 시절의 100문 100답을 공개 낭독하는 듯한 어지러움이 엄습한다. 여기에 환영을 명분 삼은 팀 회식이라도 잡힌 날에는 하루종일 안절부절못한다. 퇴근하고 바로 집에 갈 수 없다는 참담함과 이 많은 사람이 고작 나 때문에 소중한 저녁 시간을 할애했다는 미안함이 뒤섞인다. 송구스러운 마음은 회식에서 한껏 치켜올린 입꼬리로 되갚아본다. 그렇게 올린 각도만큼 집 가는 길의 입술은 축 늘어진다. 이렇게 출근해선 외향인, 퇴근하면 본래의 내향인으로 돌아가는 지킬 앤드 하이드의 하루를 산다. 아마도 그들에게 삶의 고됨이란 지금 이 순간, 지금 여기.

그러나 사회화는 차근차근 진행된다. 어느덧 아무렇지 않게 깔깔대고, 적당한 리액션과 신변잡기류의 이야기에도 능숙해진다. 저장되지 않은 번호로 전화가 와도 척척 받고(이거 진짜 엄청난 거다.) 수십 명 앞에서 결과 보고까지 나름대로 깔끔하게 해낸다. 회식에서까지 1인분 역할을 해내는 걸 보며 '설마 나 E?'라는 생각도 하지만 어김없이 침대에 I 자로 누워 그럼 그렇지로 결론짓는다. 그래도 회사라는 정글에 막 발을 들였을 때를 생각하면 괄목상대한 성장이다. 이제 나도 어엿한 사회인으로 거듭난 기분이랄까. 조금은 어른이 된 듯한 마음이다. 신기하게도 문제는 항상 그럴 때 터진다. 사회생활의 평화란 늘 유한하고 짧은 법이다.

균열은 익숙한 알고리즘에서 비롯된다. 사회인으로서의 내 모습과 진짜 나 사이의 거리감, 지킬 앤드 하이드만큼의 간극이 결국 또 문제를 일으킨다. 사실 마음이 건강할 때는 그 균열을 손쉽게 메운다. 약간의 품과 노력, 적당한 모른 척이면 충분하다. 내향인들이 (표면적으로는) 회사 생활을 곧잘 해내는 이유기도 하다. 문제는 그 품을 들이기 쉽지 않은 상황에 발생한다. 가령 과중한 업무에 시달리거나 회사 바깥의 일로 내면이 혼란할 때 사회생활에 대비해 야금야금 쌓아두었던 마음의 방파제가 헐거워진다. 평화에 적신호가 켜지는 순간이다.

그리 멀지 않은 과거에도 겪은 일이다. 프로젝트 준비로 거의 매일 야근을 하고 있었고, 당시 막 시작한 연애가 정상적인 관계가 아닌 짝사랑이었음이 밝혀진 순간이었으며, 10년 넘게 알아온 지인이 그 강산이 변할 동안 나를 꾸준히 뒷담화 해왔단 걸 우연히 알게 됐고, 30퍼센트가량 썼던 책의 원고가 노트북의 알 수 없는 이유로 날아갔다. 하나하나 따지면 속상해도 버틸 만했을 텐데, 짧게는 하루, 길어봤자 일주일 간격으로 벌어진 사건들에 나는 속수무책으로 무너졌다. 하지만 일상은 계속됐다. 출근해서 일하고 퇴근하는 삶이 이어졌다. 그러나 마음의 방파제가 사라진 채 마주한 사회생활이란 맨몸으로 나가는 전쟁터와 다름없었다. 평소라면 대수롭지 않게 넘겼을 아주 작은 서운함조차 온몸으로 스며들었고, 삐뚤어진 마음은 함께 일하는 분들의 생각과 말 하나하나까지 왜곡했다. 누군가는 회사 동료들과 인사하고 이야기하며 마음의 녹을 없앤다고도 하던데, 모든 형태의 조직 생활에 품이 들어가는 내향인에게 그건 엎친 데 덮친 상황이었다.

그런 회사 생활 암흑기에는 출근길부터 막막하다. 혼자만의 시간을 갖기는커녕 인파 가득한 지하철로 몸을 욱여넣을 땐 이게 뭔가 싶어 한숨이 절로 나온다. 직장 안에서는 더더욱 위축된다. 아무리 티를 내지 않으려 해도 부자연스러운 행동이, 미묘하게 달라진 공기가, 끝내 불편함을 드러내고 마는 찰나의 표정이 내 현재 상태를 은유적으로 노출한다. 아무리 사회화가 잘된 내향인이라 해도 기계가 아닌 이상 365일 마음을 타이트하게 세팅할 수는 없는 법이다.

누군가는 공과 사의 구분을 운운하며 프로답지 못하다 할 것이다. 그런데 모두가 처음 살아보는 이번 생에서 매 순간 프로처럼 사는 게 애초에 가능한 일인지 잘 모르겠다. 주어진 일에 충실한다면, 어느 책 제목처럼 기분이 태도만 되지 않는다면 괜찮지 않을까. 다만 그럼에도 크고 작은 오해를 막기란 현실적으로 불가능하다. 센서티브한 사람에게 유독 센서티브한 잣대를 들이대는 세상인지라 가끔은 우려 섞인 선입견과 마주하기도 한다. 안 그래도 거대한 미션과도 같은 조직 생활에 자잘한 추가 미션이 얹어지는 순간이다. 낙인찍히지 않으려고 나와 더 동떨어진 표정과 생각을 하고, 가끔은 마음에도 없는 오지랖을 떤다. 그사이 나의 하루는 더 슬프고 비참해진다.

물론 정말 고마운 마음들이 내 곁을 지킨다. 축 처진 나를 어떻게든 일으켜 세우려는 소중한 이들. 그런데 안타까운 건 그게 내가 원하는 형태의 보살핌이 아닐 수도 있다는 점이다. 어떤 선의는 종종 원치 않은 방향으로 흐르곤 했다. 예를 들어 퇴근 후 거절하지 못해 억지로 따라가는 맥주 한잔의 상황, 무슨 일인지 말해보라고 힘든 이유를 털어놓길 강요받는 상황들. 말하면 후련할 거라는 상대편의 확신이 내게는 또 다른 폭력처럼 다가왔다. 그때마다 '지옥으로 가는 길은 선의로 포장돼 있다'는 서양 속담을 떠올렸다. 게다가 나의 깊은 좌절이 단순한 술자리 콘텐츠로 소비되는 기분에 마음 역시 상해버린다. 말하자니 끔찍하고 안 하자니 갑분싸인 상황. 눈 질끈 감고 내뱉어버린 날엔 늘 후회로 잠을 이루지 못한다. 어쨌거나 날 생각해줬다는 사실에 감사하면서도 찝찝함을 지우기 어렵다. 결국 나는 고마워할 줄 모르는 나 자신에게 화살을 돌리고 만다. 그리고 화살은 익숙한 결론으로 날아가 꽂힌다. 사회생활, 도저히 자신 없다. 나는 언제까지 버틸 수 있을까.

어느 기사에 따르면 MZ 세대 10명 중 3명이 입사 5개월 만에 퇴사를 결정한다고 한다. 만약 10명 중 절반을 내향인이라 가정하면 그 5명 중 몇이나 남았을지도 사뭇 궁금하다. 그런데 놀랍게도 나는 3명이 아닌 7명에 속한다. 물론 이 놀람에는 설마 너도 MZ냐며 아연실색한 반응도 포함돼 있을 것이다. MZ라는 구분이 얼마나 무성의한지 이 한 몸 희생해 증명해본다.

다시 돌아오면, 나는 퇴사하지 않은 7명 중 한 사람으로서 지금까지 사회생활을 해나가는 중이다. 심지어 8년 넘게 한 회사에서만 일하고 있다. 조직 생활을 끔찍하게 생각하던 내 과거를 감안하면 꽤 의아한 행보다. 동시에 지금 회사가 얼마나 좋은 곳인지 반증하는 걸지도 모르겠다. (보고 계시죠, 대표님?) 그런데 왜 영화 〈기생충〉의 한 장면이 생각나는 걸까?

"그래도 (회)사모님 사랑하시죠?"

"네, 그럼요. 사랑하죠… 사랑이라고 봐야지."

가족 같은 회사. 채용 사이트에서 이런 글귀를 본다면 '가'를 빼고 읽어야 한다는 우스갯소리가 있다. 그런데 지난 시간을 돌아보면 회사는 정말 가족과 많은 부분이 닮아 있다. 세상에서 가장 복잡미묘한 감정이 깃든 대상, 〈기생충〉에서 박 사장이 말했듯이 사랑하긴 하는데 이유 모를 한숨 역시 묻어 있는 곳. 아마 그 찝찝함 속에는 온갖 미운 정과 고운 정, 긴 시간 별의별 일을 함께 겪으며 쌓인 감정의 부스러기들이 자리할 것이다. 내 마음을 몰라줘 서운하고 속상하면서도 결국 이 사람들 덕에 위로받는다. 하다못해 매달 25일 통장으로 꽂히는 금융치료 처방전 때문에라도 위로받는다. 가족으로 나를 설명할 수는 없지만 가족 없는 나 또한 있을 수 없다. 회사도 마찬가지다. 회사 생활 하는 사회인으로서의 내가 아무리 진짜 나와 다를지라도, 그곳에서의 삶을 뺀다면 나를 온전히 설명할 수 없다.

내향인은 가족 같은 회사에서 둘째로 살아간다. 첫째와 막내 사이에서 어디에 보폭을 맞춰야 할지, 자신의 존재와 위치에 대해 늘 고민한다. 외향인의 문법으로 돌아가는 사회에서 인정받으려 항상 주변 눈치를 살피지만 결국 원하는 만큼의 관심은 받지 못한다. 심지어 재는 원래 저렇다는 핀잔으로 돌아오기도 한다. 착한 사람 콤플렉스에 빠져 예스맨도 되어보고 좋은 게 좋은 거라며 애써 뭉뚱그리고 둥글둥글 맞춰서도 살아본다. 그러다 갑작스레 설움이 폭발하기도 하는데, 내게는 오래전부터 이어진 인내의 역사가 타인에게는 이해할 수 없는 급발진으로 받아들여져 더 좌절한다.

그러나 둘째들은 그 속에서 더 단단해진다. 온갖 시련을 아득바득 삼킨 뒤 게임으로 치면 훌륭한 탱커가 되어간다. 철저하게 팀플레이로 돌아가는 조직 생활에서 묵묵하고 든든한, 하지만 누구보다 독립적인 역할도 수행할 수 있는 캐릭터로 성장한다. 내가 봐온 사회생활 잘하는 내향인들은 모두 그렇게 커리어를 꾸려나가는 중이다. 그들에 비해 나는 아등바등 버티는 수준이지만.

회사와 자신을 동일시하고 수십 년을 회사에 몸 바쳐온 아버지 세대를 이해하지 못했다. 나는 그들과 다르다고, 절대 그렇게 살지 않을 거라 큰소리치기도 했다. 그러나 절대 엄마처럼 살지 않겠다고 다짐했지만 결국 엄마와 똑 닮은 사람이 된 오늘의 나처럼, 매번 도저히 못 하겠다고 눈물 삼키던 사회생활이 어쨌거나 지금까지 이어지고 있다. 오늘도 지친 어깨를 늘어뜨린 채 집에 들어왔다. 엘리베이터 거울에 비친 축 처진 내 모습에서 어린 시절 보았던 아빠의 이유 모를 고단함이 겹쳐 보인다. 아빠 또한 회사가 만만하고 편해서 다닌 건 아니었겠지. 회사 생활 9년 차가 되는 올해, 고레에다 히로카즈 감독의 영화 제목을 떠올려본다.

그렇게 아버지가 된다.

03

혼자가 아니라는 마음

^^ ;(^^ ;(^^ ;(^^ ;(^^ ;(^^

;(^^ ;(^^ ;(^^ ;(^^ ;(^^ ;(^^

^^ ;(^^ ;(^^ ;(^^ ;(^^ ;(^^

;(^^ ;(^^ ;(^^ ;(^^ ;(^^ ;(^^

^^ ;(^^ ;(^^ ;(^^ ;(^^ ;(^^

;(^^ ;(^^ ;(^^ ;(^^ ;(^^ ;(^^

^^ ;(^^ ;(^^ ;(^^ ;(^^ ;(^^

;(^^ ;(^^ ;(^^ ;(^^ ;(^^ ;(^^

^^ ;(^^ ;(^^ ;(^^ ;(^^ ;(^^

;(^^ ;(^^ ;(^^ ;(^^ ;(^^ ;(^^

^^ ;(^^ ;(^^ ;(^^ ;(^^ ;(^^

;(^^ ;(^^ ;(^^ ;(^^ ;(^^ ;(^^

^^ ;(^^ ;(^^ ;(^^ ;(^^ ;(^^

;(^^ ;(^^ ;(^^ ;(^^ ;(^^ ;(^^

^^ ;(^^ ;(^^ ;(^^ ;(^^ ;(^^

구심력의 사람들

천방지축 어리둥절 빙글빙글 돌아가는 하루를 산다. 항해보단 표류에 더 가까운 삶. 세상은 왜 나만 못살게 구는 걸까 싶을 때도 많다. 하지만 크게 다를 바 없이 떠밀리고 버티고, 그럼에도 나아가는 수많은 이를 보며 안도와 체념을 동시에 떠올린다. 우리가 발을 딛고 사는 곳이 어딘지 생각하면 당연한 걸지도 모른다. 지구는 둥그니까, 지금 이 순간도 둥글게 둥글게 돌고 있으니까. 그래서 나의 하루 또한 이렇게 데굴데굴 엉망으로 굴러가는 걸까. 물리학과 지구과학을 오가는 기적의 논리에서 눈치챘겠지만 문과 출신의 넋두리다.

다행히 궤도를 벗어나진 않는다. 금은 가더라도 부

서지지는 않고, 흔들릴지언정 무너지지는 않은 채 일상은 좌충우돌 나아간다. 가끔은 공중그네를 타는 기분마저 든다. 위아래로 요동치며 금방이라도 저 멀리 날아갈 것 같지만 걸어온 길에서 크게 벗어나지 않고 나름의 궤적을 그린다. 그때마다 생각한다. 어쩌면 살아간다는 건 전진과 후퇴만 있는 직선운동이 아니라 원운동에 더 가깝지 않을까. 실제로 우리는 힘겨움 속에서도 끝내 어디론가 날아가지 않은 채 일상의 자리를 지킨다. 세상사 어찌저찌 다 굴러가게 돼 있다는 옛 어른들의 말씀이 지금에서야 꽤 현명한 통찰이었단 걸 깨닫는다.

원운동에는 구심력과 원심력이 존재한다. 문과 나온 사람이 이런 설명을 하고 있다는 게 황당하긴 한데 어쨌거나 원심력은 관성대로 튀어 나가려는 직진의 힘, 구심력은 원의 중심 방향으로 끌어당기듯 작용하는 힘이다. 1인칭 문과생 시점에서 보면 참 놀랍게도 두 힘의 크기는 정확히 일치한다. 덕분에 물체는 원심력의 방향으로 이탈하지 않고 일정 궤적을 그리며 뱅글뱅글 원운동을 이어간다.

정말 삶이 원운동이라면 그 안에도 분명 원심력과 구심력이 있을 것이다. 불안해 보이는 나의 하루가 끝내 무너지지 않는 것도 두 힘이 팽팽한 줄다리기를 하고 있어서겠다. 그러나 우주의 완벽한 균형과 달리 나의 원운동은 무척이나 위태롭다. 원심력과 구심력이 균형을 이루지 못할 때마다 나의 세계는 무력하게 휘청인다. 기울어진 틈새로 온갖 감정이 새어 나오고 일상은 불협화음으로 삐걱거린다. 그럼에도 의식적으로, 때로는 본능적으로 두 힘 사이의 기울어짐을 발견하고 메운다. 그렇게 나뿐 아니라 모두가 각자의 하루를 지탱하며 위태로운 평화 속에 안도한다.

만약 각자의 오늘이 원운동과 같다면 그 하루가 빼곡하게 모여 있는 세상 또한 마찬가지 아닐까. 아마 모양은 비슷하되 폭과 궤적이 어마어마할 테지. 그래, 이왕 여기까지 온 거 문과의 상상력은 무한하다는 믿음(혹은 뻔뻔함)으로 상상의 액셀을 더 질끈 밟아본다. 개인에서 우리로, 우리에서 공동체로, 공동체에서 내가 살고 있는 세상으로 천천히 시선을 줌아웃해본다.

촘촘히 채워진 개인의 작은 원들을 끌어안은 채 사회라는 거대한 원이 돌고 있다. 그 광활한 궤적은 언뜻 보기에 흔들림 없이 평온하지만 그 안에 얼마나 많은 갈등과 잡음, 반목과 오해가 들끓는지 우리 모두 알고 있다. 그럼에도 원운동은 묵묵히 계속된다. 좌충우돌하면서도 불안하게 이어지는 우리의 하루와 몹시 닮아 있다. 물론 여기에서도 원심력과 구심력은 선명히 존재한다. 특히 사회라는 육중한 원운동에서는 구성원 한 명 한 명이 나름의 역할로 기여한다.

내향인은 구심력의 사람들이다. 외향인이 바깥 세계에 눈을 떼지 못하고 호시탐탐 나갈 기회만 엿볼 때 내향인은 마음 깊숙한 곳을 응시한 채 자기만의 방에 머문다. 외향인에게 생각과 감정이 응당 표현하고 드러내는 것이라면 내향인은 곱씹거나 삼키거나 마음에 새기는 데 익숙하다. 저쪽이 밖으로 튀어 나가려 하면 이쪽은 안으로 파고들기 바쁘다. 저쪽이 표현하고 분출할 때 이쪽은 담아두고 정리하고 기록한다. 외향인이 몸을 움직여 사람들과 만나 세계를 확장해간다면, 내향인은 마음을 움직이는 문장과 신념을 따라 세계를 더 예리하게 조각한다. 물론 이 모든 건 선명한 대비를 위한 비약이다. 하지만 일상의 방향을 화살표로 표현한다면, 분명 그 이름처럼 외향인은 밖으로, 내향인은 안쪽을 향할 것이다.

그렇게 둘은 등을 맞댄 채 서로 다른 곳을 보며 산

다. 똑같은 사람인데 어쩌면 이리 다르까 싶은 순간과 자주 마주한다. 그리고 그때마다 나는 두 힘의 엇갈린 시선을 체감한다. 이해의 틈을 메우지 못해 대치하고, 가끔은 도저히 섞이지 못한 채 무한에 가까운 수평선을 그린다. 요즘 세상이 왜 갈등과 분노로 가득한지 조금은 이해되는 대목이다. 하지만 놀랍게도 다름은 혐오의 근거이면서 사랑의 이유가 되기도 한다. 가령 원심력으로 살아가는 이들은 내향인의 진중함에, 구심력의 사람들은 외향인의 활력과 생기에 마음을 뺏긴다. 나 또한 외향인들의 인싸력에 한없이 기 빨리다가도 정작 그들이 휩쓸고 간 텅 빈 자리에서 아쉬움을 느낀다.

결국 우리가 주목해야 할 건 엇갈린 시선이 아니라 서로 맞댄 등이다. 우리는 다른 곳을 보지만 결국 함께 원을 그려나가는 구성원이다. 각자가 원심력과 구심력으로 기여하며 부족한 부분을 메운다. 내가 가지지 못한 걸 아무렇지 않게 해내는 상대방에게 감탄하기도 한다. 그렇게 선순환의 모습을 띤, 또 하나의 원운동을 만들어간다. 물론 등을 맞대고 있기에 평생 서로의 온전한 얼굴은 못 볼지도 모르겠다. 하지만 언제든 손잡을 수 있는 거리에서 서로 몸을 기대고 있다는 건 분명하다.

손과 손이 맞닿을 때 전해지는 그 온기 덕에 오늘도 나의 하루는, 나의 관계는, 나의 사회는, 그리고 나의 세상은 계속 어디론가 굴러간다. 500년 전 갈릴레이가 말했듯, 오늘도 지구는 돈다.

외롭진 않고요, 공허합니다

월요일. 일상이 다시 기지개를 켜는 날이자 회사 업무가 가장 바삐 돌아가는 날이다. 새로운 시작을 명분 삼아 미라클 모닝을 시도해보지만 미라클은커녕 미라와 다름 없는 초췌한 몰골로 일어난다. 그래도 꾸역꾸역 7킬로미터 모닝 달리기를 끝마치고 샤워를 한다. 재택근무라 출근은 방에서 거실로. 밀린 메일을 읽고, 오늘 해야 하는 컨펌과 피드백 내용을 정리한다. 연달아 이어지는 줌 회의 3개를 끝마치니 어느덧 저녁이다. 야근을 조금 하다 영화 한 편을 보고 잠들었다.

화요일, 수요일, 목요일. 사실 복사-붙여넣기를 해도 그다지 이질감 없는 하루의 연속이었다. 속도와 호흡에 차이는 있으나 그날이 그날 같은 하루가 반복됐다. 밖에 나갈 명분이 딱히 없어 내내 집에 머물렀다. 홀로 밤에 달리는 것 정도가 유일한 외출이며 다른 거라곤 저녁 메뉴와 잠들기 전 홀로 보는 영화, 그리고 유일하게 내 곁을 지키는 술의 주종 정도.

금요일. 그래도 금요일은 금요일이다. 내내 이어지던 재택의 사슬을 끊고 외출을 감행한다. 물론 이마저도 목적은 달리기다. 금요일마다 모여 달리는 러닝 크루 모임 장소로 향한다. 익숙한 얼굴들과 수줍게 인사하고 몇몇과는 일상적인 대화를 나눴다. 생각해보면 이번 주에 얼굴을 맞대고 나눈 거의 유일한 대화다. 그렇게 5킬로미터를 달리고 단체 사진을 찍고 나는 다시 집으로 발걸음을 옮겼다. 회식 가지 않겠냐는 친구의 말에 도통 언제 찾아올지 모를 또 한 번의 다음 기회를 기약한다.

토요일과 일요일. 가뭄에 콩 나듯 있는 약속인데 그 콩을 새가 와서 물어가버렸다. 약속이 취소돼 조금은 허탈했지만 '오히려 좋아'의 정신으로 집을 나섰다. 하루는 영화관에서 최신작 세 편을 연달아 봤고, 하루는 더현대 서울에 가서 여름 맞이 쇼핑에 전념했다. 돌아오는 길에 매주 들르는 와인숍에서 내추럴 와인 한 병을 사고, 배민으로 치즈플래터를 시켜 저녁 겸 반주를 들이킨다. 이렇게 한 주가 또 가는구나. 이케아 조명 아래 덩그러니 홀로 놓인 나를 바라본다. 예전이라면 들끓었을 게 분명한 어떤 감정을 지금은 찾기 힘들다. 걔 이름이 뭐였지. 외로움. 그래 외로움이다.

가끔 외로움이 사라졌다고 착각한다. 나의 하루하루가 사람들로 북적여서가 아니다. 외롭다고 인지조차 못할 만큼 이 감정에 너무 익숙해진 탓이다. 내 희로애락의 끝에는 어김없이 외로움이 워터마크처럼 찍혀 있다. 기쁨과 슬픔, 절망과 쾌락이 쓸고 간 자리에 남는 건 결국 돌고 돌아 혼자라는 감정이다. 그러나 외로움은 덩그러니 놓여 있을 뿐 내게 어떤 해도 가하지 않는다. 나 역시 그 쓸쓸함을 다른 데로 치워버리거나 애써 부정하지 않는다.

우리는 가만히 앉아 서로를 쳐다본다. 그러다 다른 감정이 찾아오면 나는 언제 그랬냐는 듯 그의 존재를 까맣게 잊는다. 하지만 알고 있다. 우리는 얼마 지나지 않아 다시 만날 것이며, 끝내 남는 건 우리 둘뿐이라는 것을. 술자리에서 매번 마지막까지 살아남는 동지처럼 '또 너냐'라는 지긋지긋한 눈빛으로 슬며시 막잔을 나눌 것이다. 지겨운 티를 팍팍 내지만 결국 내 마음의 종점이 이곳임을 확인한다. 그때마다 이유 모를 따뜻함과 안정을 느낀다. 그렇게 늘 외로우면서 전혀 외롭지 않은 시간 속에 산다.

외로움에 익숙하다는 건 홀로 무언가를 하는 데 어떤 어려움도 느끼지 않는다는 것. 다시 말해 '혼자'가 일상의 기본 단위라는 뜻이다. 실제로도 참 지독하리만큼 혼자 잘 먹고 잘 살고 잘 돌아다닌다. '혼밥'이란 말을 굳이 쓰지 않는 건 내게 식사란 혼자 먹는 게 기본이라서다. 몰입해야 하는 영화나 전시는 오히려 혼자 보는 걸 선호한다. 여행 또한 마찬가지. 나 홀로 여행이 누군가에겐 큰 결심이 필요한 일이겠으나 내게는 가장 일반적인 떠남의 형태다. 눈치 보지 않고 나만의 페이스로 향유하는 시간이야말로 가장 분명한 힐링이자 확실한 자유며, 어쩌면 진정한 의미의 여행 아닐까. 물론 〈나 혼자 산다〉 현실 버전이 내게만 국한된 일은 아닐 것이다. 수많은 집순이, 집돌이에게는 기본 소양이며 어떤 내향인들에게는 숨 쉬는 것만큼이나 익숙한 하루의 단면이다.

그런데 이런 성향이 종종 예상치 못한 방향으로 해

석된다. 주체적이고 독립적이라는 의아한 칭찬이 날아들기도 하고, 때로는 용감하다는 치켜세움과 성격 참 이상하다는 비아냥이 반씩 섞인 묘한 평가와도 마주한다. 정말 가끔은 인간관계에 문제가 있는 사람으로 치부돼 뒷담화의 주인공이 되기도 한다. 그들이 정의하는 외로움이란 극복해야만 하는 대상이자 해결해야 하는 비정상 상태다. 세상에 백 프로 맞는 건 없으니 이에 대해서도 백 프로 틀렸다 하지는 않겠다. 정말 어떤 사람에게는 외로움이 자기애를 좀먹는 바이러스이기도 하니까.

하지만 내가 혼자 밥을 먹는 건 철면피여서, 독립심이 강해서도 아니며 그저 배가 고팠기 때문이다. 동시에 혼자 밥 먹는 건 적어도 내게는 해결해야 할 문제가 아니며, 누군가와 함께 먹는 식사가 더 나은 삶의 형태도 아니다. 나는 '그냥' 혼자 먹는다. '그냥'이란 말에 담긴 무성의한 뉘앙스를 그리 좋아하지 않으나 내게 '혼자'와 '외로움'은 '그냥'과 오랜 시간 긴밀한 관계를 맺어왔다.

물론 나 역시 외로움 때문에 고통받을 때가 있다. 평소에는 어떤 해도 가하지 않던 외로움이 종종 발톱을 바짝 세워 냥냥 펀치를 날린다. 다만 그 앙칼짐의 시점이 일반적으로 떠올리는 고독한 순간은 아니다. 오히려 사람들 한복판에 있을 때 혼자라는 외로움을 짙게 느낀다. 모두가 웃고 떠드는 사이에서 나 혼자 표정 없이 놓여 있을 때마다, 어디에도 섞이지 못하는 나 자신을 발견할 때마다, 참 지독하게 외롭다. 사람들과 수더분하게 어울리며 모두에게 관심받는 이들을 부러운 시선으로 바라보고, 정반대편에서 어찌할 줄 몰라 쩔쩔매는 나를 한심한 눈으로 쏘아본다. 혼자 남은 귀갓길에서야 여유를 되찾는 내 모습에선 헛웃음을 짓는다. 그런 밤은 늘 쓸쓸하고 외롭다.

한때는 나조차 이런 외로움을 결함으로 여겼다. 특히 어설픈 사회생활의 출발선인 대학교 시절, 늘 외로움을 품에 끼고 있는 내가 너무도 못나 보였다. 게다가 그때의 난 내향인의 중력을 거부하고 팔자에도 없는 인싸의 세계로 들어가려고 낑낑대며 발을 뻗고 있었다. 샤이관종이라는 혼탁한 정체성을 받아들이지 못한 채 두 단어를 애써 분리했고 그중 샤이를 무심히 떼어냈다. 내향성을 부정하던 내게 샤이란 쿨하지도 편하지도 섹시하지도 않았다.

어거지로 정의한 자아는 거지 같은 대학 생활로 이어졌다. 누구보다 인싸처럼 놀고 어울리고 술 마시며 보냈지만 혼자 남은 귀갓길에선 이유 없이 눈물이 났다. 힘들 만한 일이 없어도 삶은 늘 힘겨웠다. 무리 속에선 낄낄대며 웃다가도 홀로 집에 가는 길이면 표정을 잃었다. 시끄러운 소음 뒤 찾아온 적막은 언제나 살 떨리게 무서웠다. 나의 하루는 늘 사람들로 넘쳐났으나 누구보다 외로운 시간 속에 머물렀다.

맞지 않는 인싸 코스프레 때문만은 아니었다. 외로움을 있는 그대로 바라보지 못한 탓이었다. 혼자 놓여 있단 느낌을 자꾸 올바르지 않은 상태라 규정했고, 애초에 깊게 닿지 못할 사람들 사이에서 그 감각을 희석하려 했다. 그렇게 억지로 외로움을 집어삼키다 보니 탈이 나는 건 당연했다. 끝내 내가 얻은 병명은 공허함이었다. 외로움이 마음에 생기는 멍울이라면 공허함은 자기 자신을 나락으로 밀어 넣는 속삭임이다. 모든 감각이 바짝 서 있는 외로움과 달리 공허함에 빠진 이는 매사에 무감해진다. 내가 누구인지 모호하고 나의 본질은 흐릿한, 무력히 바스라지는 껍데기 상태로 살아간다. 수많은 사람, 지난한 관계, 무수한 소주병과 텅 빈 웃음을 들이부어봤자 그 공허함은 채워지지 않았다. 내 20대의 어느 시간은 그리 정의된다. 가장 반짝이던 시절이었으나 내가 아닌 주변의 반짝임에만 정신이 팔린 부끄러운 시절이다.

정신을 차리기 시작한 건 그로부터 한참 뒤였다. 외로움을 다루는 방식에 근원적인 문제가 있음을 깨닫고 조금씩 그 감정과 대면해갔다. 사람과 어울리는 데 어마어마한 에너지를 소진하는 나를 옳고 그름의 시선이 아니라 있는 그대로의 모습으로, 내가 손에 쥐고 태어난 자연의 상태로 바라보려 노력했다. 온갖 의미 없는 이야기로 사람 사이의 여백을 채우던 강박도 떨쳐내기로 했다. 대신 그 자리에 외로움을 앉히고 정적만이 존재하는 시간을 가졌다.

망한 소개팅과 같은 참을 수 없는 어색함을 꿋꿋이 버텼다. 이게 맞나 싶었지만 이 악물고 견뎠다. 사람이 참 무서운 건 그 마가 뜬 상태에도 점점 적응해간다는 사실이다. 소음에 파묻혀 지내던 내게는 실로 놀라운 일이었다. 더 놀라운 건 그 정적의 시간이 나를 편안으로 이끌었다는 사실이다. 행여 눈이라도 마주칠까 벌벌 떨었던 외로움과 어느새 교감하게 됐다. 그 서늘하지만 따뜻한 품 안에서 무너진 나를 다시 세워나갔다. 부정해오던 본성을 마침내 수긍하자 나는 어떤 힘에 의해 점점 어디론가 이끌려갔다. 그 방향의 이정표는 '내향인'이었다.

그로부터 오랜 시간이 지났다. 외로움은 어느덧 내게 가장 익숙한 감정이 됐다. 하지만 우리 관계에는 여전히 노력이 필요하다. 굳이 따지면 외로움은 늘 그 자리에 굳건한데 내가 문제다. 혼자 있을 때는 그럭저럭 그 시간을 잘 견디고 즐기는 단계에까지 이르렀다. 그러나 사람들과 함께하는 시간에는 여전히 서툴다. 서툴기에 오버하고 되지도 않는 무리수를 던진다. 게다가 사회가 요구하는 교과서적 밝음과 필요 이상의 친절은 다시 과거의 전철을 밟게 한다. 만나고 싶어 만난 게 아닌, 만나야 해서 만난 이들과 하고 싶은 일이 아닌, 해야 해서 하는 일을 끝마치고 돌아오는 길이면 스무 살 언저리의 그때처럼 공허함으로 온몸이 축축하다. 몸은 녹초가 됐는데 어떤 보람도 없이 지친 한숨만 나온다. 누구보다 꽉 찬 하루를 보냈으나 나 자신은 텅 빈 기분으로 무거운 발걸음을 이어간다.

다시 옥죄어오는 공허함의 속삭임에 모든 걸 내려

놓고 사라지고픈 마음에 휩싸인다. 하지만 샤이관종이 어디 가겠나. 완전히 사라지고 잊히는 건 또 덜컥 겁이 난다. 결국 무리에 섞일 자신도, 어디에도 섞이지 못한 채 둥둥 떠다니는 나를 볼 자신도 없다. 나를 향한 한심함과 적개심이 또 한 번 수면 위로 떠오른다. 그때마다 외로움이 등을 쓰다듬는다. 몽유병 환자처럼 나도 모르게 자기혐오로 향하던 발걸음을 붙잡은 뒤 찬찬히 나를 타이른다. 포근한 감각에 나 역시 겨우 정신을 차리고 무해한 외로움을 끌어안는다. 결국 우리는 평생 함께해야 하는 파트너 관계라는 걸 확인한다. 아무 말 없이 한참을 껴안은 채로 있다가 불현듯 생각한다. 인싸가 아니면 어떤가. 아싸면 또 어떤가. 다들 나름대로 최선을 다하는 삶, '졌잘싸'면 충분하다.

과묵하나 묵과하지 않습니다

멘탈이 약한 편이다. 무심한 한마디에 일순간 마음이 무너져내리고, 반대로 그 무너짐을 복구하는 데는 긴 시간이 필요하다. 바로 세우는 과정에서 속앓이도 심하게 겪는다. 무례함이 남긴 상흔, 몰상식한 언행에 즉각 반응했어야 한다는 후회, 결국 그리 하지 못했다는 자책이 반복된다. 정신 차려보면 내 안의 깊은 동굴이다. 숨고 도망친 끝에 당도하고 마는 익숙한 피신처. 머리로는 여기 있으면 안 된다고 타이르지만 사실 이곳만큼 안락한 데가 없다. 남들 다 하는 것처럼 억울함을 꺼내 보이고, 공감과 위로를 받고, 신나는 이야기로 노여움을 밀어내지 않는다. 슬픔을 드러내고 싶지도, 분노

한 내 감정을 소중한 사람들에게 물들이고 싶지도 않다. 그리 얻을 위안보다 속내를 내보이는 두려움이 앞선다.

다행히 멘탈의 유약함은 상반되는 다른 기질들로 메운다. 이를테면 미련하다 싶을 정도의 참을성과 강박에 가까운 자기통제 같은 것들. 무례의 포화 속에서 멘탈은 금세 아수라장이 되지만 나 또한 통제력 잃은 감정으로 대처하지 않는다. 꿋꿋이 참고 견디며 끓어오르는 화를 다스리는 데 익숙하다. 나도 모르게 드러나는 빡침의 표정은 재빨리 감추고 아무렇지 않은 척 무마한다. 물론 예민한 사람이라면 그 찰나의 순간을 감지했을 수도 있다. 하지만 그 정도로 섬세한 사람들은 애초에 나를 화나게 하지도 않는다. 문제는 꼭 애매하게 친하면서 사려 깊지 못한 자들이 일으키는 법이니까.

유리 멘탈과 인내심의 조합은 내향인으로서의 정체성을 또렷하게 했다. 특히 둘의 만남은 나를 더 조심스러운 사람으로, 궁극적으로 과묵한 사람으로 몰아갔다. 이처럼 내향인의 대표적인 이미지 중 하나인 과묵함은 말하기 싫어서가 아니라(아, 물론 말 섞기 싫은 사람이 많은 것도 사실이다.) 신중함, 특히 말을 적확하게 하려는 바람에서 비롯된다. 내가 뱉는 모든 말에 단 한 올의 오해도 없길 바란다. 자연스레 듣는 이의 기분과 상황, 평소 성격과 지금 나누는 대화의 맥락, 우리 둘 사이의 지난 서사까지 고려된다.

감정이 격해진 상황이라고 다르지 않다. 감정에 떠밀려 아무 말이나 뱉는 건 아무래도 내게 익숙지 않다. 오히려 메아리가 되어 돌아올 상대의 말과 행동을 미리 가늠하고 신경 쓴다. 가식적이라 할지라도 나는 그 위에 따스한 온기까지 첨부한다. 따뜻한 사람이라서가 아니다. 나를 방어하기 위함이다. 다듬어지지 않은 모난 언어에 멘탈이 작살났던 경험, 그 후유증이 남긴 대화 방식이다. 가는 말이 고우면 오는 말이 곱다는 말을 절대로 믿지 않는다. 분명 가는 말이 고왔는데 오는 말이 고… 투 헬인 경우를 왕왕 겪는다. 지옥으로 빠지지 않으려고 가는 말에 더욱 신경 쓰고 따스한 온기까지 담아 로켓배송을 해준다. 그리고 그 고단함만큼 말수는 점점 줄어간다. 내향인이라면 숱하게 들었을 '왜 너는 말이 없냐'는 비아냥 앞에 조금은 무력한 감정이 드는 이유다. 우리도 그러고 싶어 그러는 게 아니다. 그럴 힘이 없다.

다만 나도 알고 있다. 사실 부질없다는 걸. 내가 카톡 한 줄에 온 신경을 곤두세울 때 누군가는 그러거나 말거나 하고 싶은 말 다 하며 산다. 사려 깊지 못한 말을, 뇌에서 필터링되지 않은 속된 언어를 툭툭 뱉는 이들 앞에서 문장을 깎던 손은 힘이 풀린다. 더군다나 폭력적인 화법의 주인공들은 대개 자신의 그런 모습을 인지조차 못 한다. 때로는 막말을 자신의 매력처럼 포장하고, 선명히 남은 마음의 상처가 무색하게 본인이 어떤 말을 했는지 기억조차 못 할 때가 많다. 그때마다 분노가 치민다. 어떻게 저런 말을 할 수 있냐며 비련의 주인공처럼 속으로 오열한다. 하지만 그 들끓는 마음은 얼마 안 가 급격히 사그라들고 되레 나에게로 달려든다. 사그라든 분노는 허무와 냉소로 바뀌어 있다. 왜 혼자 유난 떨며 사냐는 자조도 서려 있다. 세상 사람 다 그리 살아가는데 나 혼자 적응하지 못하고 끙끙대는 듯한 무력감, 끝내 타인의 악함이 아닌 나의 유약함을 탓한다. 그렇게 나는 피해자였다가 가해자, 다시 피해자, 심신미약자를 오가며 혼자 사이코드라마를 찍는다. 마지막에 가서는 왜 이따위로 태어났을까 한탄하며 끝나는 드라마다.

그런데 내향인은 정말 이따위로(!) 태어난다. 사람의 외향성과 내향성이 상당 부분 선천적으로 결정된다는 건 여러 실험에서 증명된 사실이다. 가장 유명한 제롬 케이건의 실험에 따르면 내향인은 태어날 때부터 자극에 민감한 존재들이다. 생후 4개월 영아 500명을 대상으로 진행한 실험에서 시각, 청각, 후각 등 외부 자극에 더 예민하게 반응한 아기들은 대개 내향인으로 성장했다. 더 많이 느낄 수 있기에 더 경계하고 더 조심하는 사람으로 자란다. 고통이 인간으로 하여금 위험을 피하고 안전을 선택하게 하듯이 내향인도 자기 자신을 지키기 위해 몸과 마음을 한껏 움츠린 채 살아간다.

내향인이 과묵한 건 말을 움츠리기 때문이다. 말에 돋친 가시를 더 민감하게 감지하기에 모든 언어에 신중을 기한다. 내 말이 가져다줄 미래에 대해 두 수 세 수 앞서 생각하고, 무심히 날아든 한마디를 온전히 받아들이지 못한 채 그 위에 온갖 해석을 덧붙인다. 누군가 별 생각 없이 던진 문장조차 내향인의 머리를 거치면 무겁고 뚱뚱해진다. 비대해진 문장을 움켜쥔 채 내향인들은 쓸데없는 걱정에 휩싸인다. 가끔은 혼자 극단적인 상상을 하며 불안에 떤다. 결국 다음 날이 되면 그들은 어제보다 조금 더 과묵해져 있다. 그렇게 수천수만의 다음 날을 거쳐 다들 오늘에 이르렀다.

한때는 강철 멘탈을 꿈꾸며 단련하는 시간을 갖기도 했다. 무례한 사람과 마주했을 때 '너 잘 걸렸다'는 마음으로 한바탕 혈전도 벌여봤다. 온갖 악의적인 감정을 말에 실어 보내고 이성의 화신이 되어 조목조목 논리적 비약을 따졌다. 가끔은 승리를 쟁취했던 것도 같다. 그런데 그게 다 무슨 소용인가. 게다가 막말하는 이들의 회복탄력성은 어쩜 그리들 좋은지. 힘겹게 재활 중인 내가 무색하게 이미 깁스 다 풀고 뛰어다니는 그들의 모습에서 성립되지 않는 싸움이란 걸 깨달았다.

강철 멘탈을 바랐지만 멘탈은 강철이 아니었다. 뜨거운 불에 집어넣고 쾅쾅 내리치고 다시 찬물에 넣는 담금질을 한다고 단단해지는 게 아니었다. 멘탈은 내 적정 온도가 어디쯤인지 정확히 파악하고 그 선을 벗어나지 않도록 세심히 관리해야 하는 것에 가깝다. 우리의 내향성이 정말 선천적인 기질이라면 그 예민함을 다루는 방식은 투쟁이 아닌 관리가 좀 더 정확하겠다.

결국 맞서 싸우지 않고도 나를 지킬 줄 알아야 한다. 과묵함과 인내로 버티는 결로는, 반대로 똑같이 피

흘리며 싸우는 것으로는 나를 지킬 수 없다. 나의 경우 선을 그었다. 하나가 아니라 온갖 경우의 수를 고려해 수많은 선을 그었다. 전쟁에서 1차 방어선, 2차 방어선이 있고 절대 물러설 수 없는 배수의 진이 있듯이 쏟는 마음에 비례해 그 사람이 접근할 수 있는 범위를 측량하고 계산했다. 물론 내가 그러거나 말거나 선을 넘는 사람들은 늘 있었다. 선 긋는 데 들이는 세밀함만큼 선 넘는 이들을 어떻게 대해야 할지 또한 깊이 고민했다. 이래도 보고 저래도 보고 쿨한 척도 해보고 찌질하고 구질구질하게도 해봤다. 흘러 흘러 지금 내린 답은 꽤 명료하다.

끊는다. 관계를 끊고 관심을 끊고 마음을 끊는다. 적정선을 넘어버리는 순간 너와 나의 관계는 사무적인, 혹은 가장 기본적인 사회적 관계로 전환된다. (그런 면에서 소위 쌩까는 것과는 조금 결이 다르다.) 누군가는 이를 '도어슬램'이라고도 부른다. 말 그대로 마음의 문을 쾅 닫아버리는 결정. 나 자신을 보호하기 위해 겉으로는 별다른 티를 내지 않고 관계에 마침표를 찍는 행위. 다만 어떤 이는 이렇게 생각할 수도 있겠다.

'너무 매정한 거 아니야? 그 사람은 무슨 죄야? 그

러고도 인간관계가 남아날 수 있어?'

매정한 결정 맞다. 그 사람이 나한테 죽을 죄를 지은 것도 아니다. 인간관계 역시 쉽게 박살 난다. 그러나 단연코 말할 수 있는 건 내향인의 도어슬램은 한순간 마음에 안 든다고 자행하는 충동적 결정이 아니다. 문을 닫기 전, 아니 한참 전부터 이대로 계속 가면 반드시 마주할 상황에 대해 예고한다. 처음에는 혹시 노여움을 살까 빙빙 돌려 말하고 시간이 갈수록 당부는 점점 직접적인 언어로 바뀌어간다. 이렇게도 해보고 저렇게도 해봤지만 도저히 안 될 때, 머리를 감싸 쥐고 고민하다 내린 최후의 결정, 내게는 그게 도어슬램이다. 다만 어제까지 끙끙대던 마음이 무색하게 결정을 내리는 순간은 꽤 냉정하다. 노파심에 다시 강조하면 결코 옳지 않은, 정확히는 건강하지 않은 관계의 종말이다. 실제로 문을 닫았던 순간을 되돌아봐도 하나같이 힘들었던 기억뿐이다. 냉정한 선택을 한 나 자신을 통렬히 비난하고 더 완만하게 해결할 수는 없었는지 자책한다. 하지만 달라지는 건 없다. 다시 돌아간다 해도 결과는 같았을 것이다. 내가 최우선으로 지켜야 할 것은 다른 누구도 아닌 나 자신이니까.

내향인은 과묵하다. 그러나 묵과하진 않는다. 자신의 선에 예민하고 침범한 선에 과민하다. 말을 아낀다 하여 생각을 아끼는 게 아니며, 선 넘는 것에 아무 말 하지 않는다 하여 관계에 아무 일도 벌어지지 않는 게 아니다. 인내든, 일단 지켜보는 결정의 유예든, 내가 그은 선을 의심하고 더 낙낙하게 새로 긋는 결정이든, 내향인은 각자의 방식으로 대처하고 있다. 어쩌면 아무렇지 않은 척하며 관계의 결말을 상상하고 있을지도.

다만 묵과하지 않는 마음에는 과묵한 용기가 필요하다. 흔히 '용기' 하면 끓어오르고 용솟음치는 감정을 떠올리지만 어떤 용기에는 처연하고 체념에 가까운 결심이 담기기도 한다. 묵과하지 않으려는 내향인의 태도에는 종종 그런 침울한 용기가 서려 있다. 그리고 그런 용기는 반드시 후유증을 몰고 온다. 꼭 이렇게 했어야 하는지 스스로에게 묻고, 결국 또 하나의 관계에 실패했다는 좌절에 빠지며, 심지어 그 관계를 내 손으로 끊어냈다는 죄책감에 휩싸인다. 그리고 다시 원초적인 물음으로 돌아온다. 왜 나는 이따위로 태어났을까.

영화 한 편에서 희망을 찾아보기로 한다. 숨은 SF 명작으로 칭송받는 〈가타카〉는 인간의 선천성에 대해 다룬다. 영화 속 세계관은 더 노골적이다. 유전자조작 기술이 극도로 발달한 가까운 미래, 이제 돈만 내면 우성 DNA만 갖춘 아이로 태어날 수 있다. 자연스레 세상은 선천적으로 더 우월한 사람과 그렇지 못한 사람으로 나뉘어 태초의 유전자가 가장 강력한 이력서가 된다. 그 이력서에 따라 사람들의 지위, 직업, 수준이 결정된다. 영화의 주인공 빈센트는 유전자조작이 아닌 자연분만으로 세상에 나왔다. 자연적으로 태어난 그는 상대적으로 키도 작고 허약하며 근시까지 갖고 있다. 하지만 치밀한 신분 세탁과 탈인간에 가까운 노력 끝에 과학으로 증명된 한계를 스스로 깨나간다.

외향과 내향은 다름일 뿐 우와 열로 나눌 수 없는 기질이다. 그러나 우와 열처럼 느껴지는 순간마다 〈가타카〉를, 그리고 빈센트를 떠올린다. 빈센트는 영화 내내 우주 탐사원이 되길 꿈꾼다. 물론 그 꿈은 모두에게 비웃음을 산다. 〈가타카〉의 세계관에서 우주탐사는 선택된 유전자, 그중에서도 최상위 인간만이 가질 수 있는 직업이다. 하지만 영화는 말한다. 인간을 우주로 나아가게 하는 건 선천적인 DNA가 아니라, 인간이 가장 인간답도록 하는 열망과 노력이라고.

나는 더 많은 내향인이 우주로 나아갔으면 한다. 과묵히 풍파를 이겨내고 묵과하지 않은 채 자기만의 우주를 구축하고 묵묵히 자기의 길을 갔으면 한다. 최초로 우주에 두 발을 딛은 인간 닐 암스트롱, 그 역시 지독한 내향인이었다는 후대의 기록이 왠지 모를 상징처럼 다가온다. 그럼 다들 우주에서 만나자.

MBTI라는 희망

MBTI 전성시대다. 이제 대화에 MBTI가 끼어드는 건 자연스러운 일상이 됐다. 처음 보는 사이라면 서로를 알아가는 힌트로, 막역한 사이에서는 공감과 놀림의 수단으로서 MBTI는 제 역할을 다한다. 내가 어떤 유형인지는 물론이고, 대표적인 특징 몇 가지 정도는 어렴풋이라도 알고 있는 요즘이다. (혹시나 하는 마음으로 엄마에게 MBTI 검사를 물었지만 보험 적용되냐는 답이 돌아온 건 비밀로 해두겠다.) 이러다 전입신고 할 때도 MBTI를 적는 날이 오지 않을까 싶다. 지자체 감성 살짝 묻혀보면 남해 독일인 마을처럼 INFP 출신이 많은 '인프피 마을', '엔프피(ENFP) 섬' 같은 지역사회 마케팅도 상상해본다. I만

입장할 수 있는 내향인 페스티벌은 정말 시도해봄 직하다. 초대 가수 라인업은 이소라, 정준일, Nell이 좋겠다.

처음에는 이런 인기가 의아했다. 내가 MBTI 검사를 처음 해본 게 대략 10년 전인 걸 떠올리면 더더욱 그렇다. 그만큼 세상이 불확실해졌다는 방증일까. "자연은 진공 상태를 싫어한다"는 스피노자의 말처럼, 모든 걸 자신만의 언어로 정의하고 또 이해해야만 직성이 풀리는 인간에게 지금 세상은 거대한 물음표와 같다. MBTI의 인기도 여기서 비롯됐을 것이다. 그때는 맞고 지금은 틀린 시대, 공고했던 삶의 정답들이 모두 사라진 시대에 MBTI는 얄팍하긴 하나 매력적인 힌트로 다가온다.

그렇게 MBTI에 기대어 나를 파악하고 세상을 정의한다. 설명 한 줄 한 줄에 나의 과거와 오늘을 매칭해보기도 한다. 나조차 이해하기 어렵고 모순 가득했던 자아가 MBTI 덕에 조금은 명료해지는 기분이다. 게다가 돈 한 푼 들이지 않고 클릭 몇 번만으로 결과를 알 수 있으니 선풍적인 인기에는 다 그만한 이유가 있는 듯하다.

물론 '빠가 까를 만든다'는 만고불변의 법칙답게, 뜨거운 관심 반대편에는 곱지 못한 시선도 존재한다. 과학적으로 아무 근거가 없다고도 하고, 사람들의 과몰입을 비꼬는 저격 콘텐츠도 심심치 않게 보인다. 그런 비판과 냉소에 어느 정도 공감한다. 모든 형태의 맹신은 경계해야 하니까. 솔직히 말해 사람을 16가지 유형으로 구분하는 전제부터 조금은 꺼림직했다. A형을 소심한 좀팽이로, AB형을 또라이로 규정하던 세기말 혈액형 대란이 생각나지 않을 수 없다. MBTI상 최고의 궁합인 사람을 만나본 적 있지만 얼마 지나지 않아 헤어졌고, 가장 긴 시간 만난 연인은 오히려 MBTI 관점에서 별 특이점이 없는 유형이었다. 그런 과거가 나의 의구심을 한껏 키운다. 그렇게 의심 가득한 눈으로 내 유형의 특징들을 읊어본다.

> 인내심이 많고 통찰력과 직관력이 뛰어나며 화합을 추구한다. 창의력이 좋으며, 성숙한 경우엔 강한 직관력으로 타인에게 말없이 영향력을 끼친다. 독창성과 내적 독립심이 강하며, 확고한 신념과 열정으로 자신의 영감을 구현해나가는 정신적 지도자가 많다. 한곳에 몰두하는 경향으로 목적 달성에 필요한 주변적인 조건들을 경시하기 쉽고, 자기 내부의 갈등이 많고 복잡하다.

죄송하다. 과학 맞는 것 같다. 안 그런 척했지만 요즘 MBTI 앞에서 초롱초롱해지는 눈빛을 주체할 수 없다. 유튜브 알고리즘에 알파벳 네 글자만 보이면 자동 클릭하는 파블로프의 댕댕이 중 하나이며, 내 앞에 앉은 이가 어떤 유형일지 골똘히 추리하는 일상의 셜록으로도 활동 중이다. 민간인 사찰이 의심되는 주옥같은 설명에, 그리고 늘 의아했던 누군가의 행동이 MBTI라는 번역기로 하나하나 해석되는 순간에는 소름이 절로 돋는다.

하지만 이 유행에 기꺼이 마음을 섞는 가장 큰 이유는 소속감이다. MBTI는 내가 홀로 부유하는 존재가 아님을 확인해준다. '나만 이런 건가'에서 출발한 의문이 '나만 왜 이러지'라는 자책으로 쉽게 이어지는 나 같은 사람에게, '나도 그래요'라는 한마디는 거대한 위로로 다가온다. 16가지 유형으로 인간의 모든 성정을 구분할 수는 없다는 건 모두가 알고 있다. 사람들이 MBTI를 좋아하는 이유 또한 과학적이라서는 아닐 것이다. 단지 16가지 중 하나의 유형에 속해 있다는 것, 내가 느끼는 삶의 고단함을 이름 모를 어떤 이도 똑같이 느끼고 있다는 작은 위안이다. 가끔은 친한 친구의 토닥임보다 일면식 없는 미지의 존재에 더 큰 위로를 얻기도 한다. 이성과 한참 동떨어진 모습이면서 지극히 인간적인 면모다. 비과학의 산물로도 볼 수 있으나 어떤 과학보다 나에 대해 명쾌하게 설명해주는 MBTI와도 닮아 있다.

물론 이 유행 또한 지나갈 것이다. 하지만 오늘의 유행이 단순히 웃고 즐기다 휘발됐던 그간의 트렌드와는 조금 다를 거라 생각한다. MBTI는 우리 주변의 다양성을 상기하게 했다. 사람을 몇 가지 유형만으로 정의하는 건 언뜻 편협해 보이지만 오히려 나는 되묻고 싶다. 그동안 우리가 16개 이상의 관점으로 세상을 바라본 적이 있었던가? 말로는 모두가 고유하다 하지만 정말 그만큼의 다양성으로 바라봤던가? 아니다에 500원을 건다.

내향인은 MBTI 수혜자라고도 볼 수 있다. I로 시작하는 사람이 이렇게나 많음을 확인해준 것만으로도 나는 이 트렌드에 큰 빚을 진 기분이다. 게다가 지극히 외향적으로 보이는 사람이 알고 보면 내향인일 수도 있다는, 심지어 유재석, 강호동 님마저 내향인이란 사실은 여러모로 큰 인식의 변화로 이어졌다. 내향인은 주류에 섞이지 못한 부적응자도, 시시하고 재미없는 사람도 아니었다. 되레 우리 주변에 차고 넘치는 이들이었다. 당연한 걸 알면서도 정작 피부로는 와닿진 않았던 진실을 MBTI는 알파벳 하나만으로 이뤄냈다. 또 MBTI는 내향인에도 무려 8가지 유형이 있다고 말한다. MBTI 덕에 소심하고 내성적이고 말 없는 사람이란 1차원적 정의에서 우리는 비로소 절반의 자유를 얻어냈다.

MBTI 인기는 당분간 계속될 것이다. 아니, 그랬으면 좋겠다. 고백하자면 이 유행을 꽤 따뜻한 마음으로 응시하는 중이다. 단순히 내향인에게 호의적이라서가 아니다. MBTI를 향한 사람들의 관심이 궁극적으로 타인을 이해하려는 의지이자 노력처럼 느껴지기 때문이다. 설득은커녕 상대방을 짓눌러 없애는 데 혈안인 대혐오 시대에 MBTI는 당혹스러울 만큼 휴머니즘적인 유행이다.

잠깐 옆길로 새면, 인류의 지난 역사 속에서 난세에는 반드시 포퓰리스트들이 득세해왔다. 요즘이라고 다르지 않다. 아님 말고 식의 온갖 자극적인 콘텐츠를 쏟아내는 사이버 렉카들을 떠올리면 이해하기 쉽다. 그들의 말에 쉽게 휘둘리는 건 포퓰리스트 특유의 화법인 증오와 혐오, 차별의 언어가 복잡한 세상을 이해하는

데 편리하기 때문이다. 먹고살기도 벅찰 때는 그 감언이설이 얼마나 편협한지 굳이 따지려 들지 않는다. 그럴 만한 마음의 여유가 없다.

그래서 혐오란 절대적인 악인 동시에 게으름이다. 혐오로 돈을 벌고 이목을 끄는 이들은 대중의 게으름을 양분 삼아 성장한다. 게을러지기 시작하면 우리는 인간의 입체적 면모를 철저히 외면한다. 대신 이해하고 싶은 만큼만 떼어내 단편적으로 정의한다. 세상에 존재하는 총천연색을 흑과 백으로만 바라보는 나태한 시각으로 무장한다.

요즘 혐오로 들끓는 이 나라가 전통적으로 성실과 근면을 신성시해왔다는 건 또 하나의 아이러니다. 잠을 얼마나 적게 자고, 책상에 얼마나 오래 앉아 있고, 야근을 얼마나 자주 하는지가 중요했던 나라. 하지만 지금 우리에게는 전혀 다른 의미의 근면이 필요하다. 일면식 없는 누군가의 상황을 헤아리는 성실함, 타인의 고통을 나에게 애써 대입해보는 근면함, 나의 말과 행동이 어떤 영향을 미칠지 상상하는 부지런함. 그런 마음이 공감과 연대의 힘으로, 정의에 대한 요구로, 혐오에서 발발하는 전쟁이 아닌 건강한 논쟁으로 나아간다.

"마이크를 쥔 사람은 똑똑해야 해요."

내게 청춘의 동의어와 같은 새소년의 프런트맨 황소윤은 말했다. 무대의 크기는 제각각이겠지만 각자의 자리에서 크고 작은 마이크를 쥔 이들은 그의 말처럼 똑똑해야 한다. 오늘날의 똑똑함은 학력이나 지적 수준보다 성실함과 더 가까이 자리한다. 이제 누구든 성실하면 똑똑해질 수 있다. 그리고 똑똑한 이는 성실함의 가치를 간과하지 않는다. 성실하게 생각해서 현명하게 말하는 사람만이 모두에게 닿는 마이크를 제대로 손에 쥔다. 내가 생각하는 요즘 세상이란 그런 곳이다.

어쨌거나 MBTI는 지금 트렌드의 무대 한가운데를 차지하고 있다. 설령 유사과학에 불과할지라도 함께 잘 어울려 살 수 있다는 기대이며 심지어 재밌기까지 한 놀잇거리다. MBTI는 '이해할 수 없다' 정도로 게을리 생각하던 마음가짐을 고쳐먹게 한다. 반대편의 사람을 불가사의한 괴물이 아니라 나와는 다른 메커니즘으로 작동해 껄끄러운, 하지만 얼마든지 이해하고 함께 살아갈 수 있는 대상으로 정의한다. 사람들은 싸우거나 이겨 먹으려는 게 아니라 알고 싶어서, 더 가까이 가고 싶은 부지런함으로 오늘도 MBTI라는 마이크에 손을 뻗는다. MBTI 인기가 계속되는 한 나는 이 세상에 일말의 희망을 남겨둘 것 같다. 세상 모든 사람의 MBTI가 L.O.V.E로 나오는 그 날까지 이 유행이 계속되길 빈다.

망치러 오셨나요, 구하러 오셨나요?

"야, 나 너네 엄마한테 인사하고 갈래."

"지금? 너 우리 엄마 알아?"

"아니. 뵌 적도 없는데 어떻게 알아. 집 앞까지 온 김에 인사드린다는 거지."

천진난만한 그와 달리 건너편 열 살의 상민은 이 상황이 몹시 당황스럽다. 왜 우리 엄마를 보고 싶어 하는 거지. 우리 집이 잘사나 못사나 확인하려는 걸까. 아닌데. 사람을 가려 사귀는 애는 아닌 것 같은데. 짧은 순간에 여러 생각이 갈피를 잡지 못했다. 당황하는 나와 달리 아이의 논리는 간단했다. 너는 내 친구니까. 그에게 지금 이 상황은 친구 집을 지날 때 흔히 벌어지는 코너 속의 코너일 뿐이다.

그런데 잠깐. 우리가 친구라고? 우리 사이를 친구라 할 수 있나? 고작 두어 번 본 사이인데. 그럼 몇 번을 봐야 친구인 거지. 친구란 무엇일까. 하라는 대답은 안 하고 이런 생각만 하고 있었던 걸 보면 그때부터 인싸 되긴 글러먹은 인생이었다. 아무튼 나로서는 모든 게 납득되지 않았다. 결국 서툰 거짓말로 상황을 애써 틀어막기로 했다. "우리 엄마 시골 갔어. 외할머니 뵈러." 집에서 저녁 준비 중이던 엄마의 귀가 간지럽지 않았기만을 바랐다.

나의 머뭇거림에 아이의 마음은 짜게 식은 듯했다. 이후 우리는 별다른 교류 없이 멀어졌다. 그런데 참 이상하게도 가끔 그날이 생각난다. 그만큼 선명히 낯설고 어지러운 날이었다. 동시에 어떤 최초의 순간이기도 했다. 내 안에 생각보다 높은 벽이 존재한다는 걸, 반대로 그런 마음의 장애물이 전혀 없는 사람도 있다는 걸 처음 피부로 느낀 날이었다. 이후 마주한 온갖 관계 속에서 그날의 깨달음은 점점 짙어졌다.

세상에는 놀랍게도 생전 처음 보는 누군가와 친구

가 될 수 있는 사람이 있다. 그리고 정말 놀랍게도 그 친구 집에 찾아가 어머님을 뵙는 게 전혀 이상하지 않은 사람이 있다. 외향적 색채가 강한 그들은 처음 보는 사람과 바로 절친을 먹기도 하고, 택시 기사님과 티카타카를 주고받는 데 어떤 불편도 느끼지 않는다. 심지어 예고 없이 친구의 친구가 끼게 된 상황을 껄끄러워하기는커녕 더 흥미롭게 생각하는 불가사의한 취향까지 보유하고 있다.

반대편에는 당연히 처음 만난 이에게 친구의 자격을 부여하지 못하는 사람이 있다. 더불어 정말 당연히 우리 집이라는 선을 넘어오지 못하게 어쭙잖은 거짓말까지 동원해가며 필사적으로 저항하는 이가 있다. 대개 내향인에 속하는 그들은 스몰토크 생태계의 최약체로 살아간다. 택시 기사님에게서 수다스런 기운이 느껴지면 서둘러 에어팟을 꺼낸다. 친하지 않은 사람과 만나면 무슨 말을 해야 할지 몰라 토크 주도권을 양도한 채 리액션만 담당한다. 세상은 그런 두 부류의 인간이 얽혀 살아가는 곳이다. 친구의 친구가 친구인 세계관과 친구의 친구는 남인 세계관이 충돌하고 뒤엉킨다. 노자 선생님도 놀랄 노 자인 요지경 세상이다.

시간이 흘러 열 살 상민은 어느덧 반칠십 상민이 됐지만 세상은 여전히 요지경이고 내 인간관계는 이 지경이다. 친구가 없는 삶은 아니나(지금 왠지 모르게 구차하다.) 화려한 인맥의 삶은 단 1분도 살아보지 못했다. 이따금 나도 의아하다. 왜 친구 많은 인생을 살지 못했을까. 성격이 영 못돼먹었거나 사교성이 증발한 것도 아닌데. 내 잘못은 아니겠으나 책임에서 벗어날 수는 없다. 결국 모든 건 나로부터 출발한다.

수십 년간 고수해온 꺼야 꺼야 혼자서도 잘할 꺼야의 삶. 그 속에서 친구는 있으면 너무 좋고, 없으면 어쩔 수 없다는 개념으로 자리해왔다. 다른 영역에 비해 유독 친구 관계만큼은 소극적이다. 별다른 노력을 들이려 하지 않고 가끔은 관계를 피한다는 느낌마저 든다. 마치 삶에 친구가 별로 필요 없는 것처럼도 보인다. 당연히 그럴 리 없다. 혼자가 편한 내향인이라지만 우리가 원하는 건 고독이지 고립이 아니다. 그러나 많은 친구를 감당할 자신이 없는 것도 사실이다. 물론 "누가 너랑 친구 해준대?"라고 하신다면 어쩔 수 없다. 그저 촉촉히 젖은 눈으로 땅만 쳐다볼 뿐.

기본적으로 관계의 에너지 연비가 형편없는 사람이

다. 나라고 왜 인맥왕이 되기 싫겠는가. 다만 몇몇에게 마음을 들이는 순간 에너지 계기판이 요동친다. 남들은 이제 막 워밍업을 끝내고 본격적으로 소셜 활동을 시작하려는데 나는 구석에서 숨을 헐떡이며 드러누워 있기 일쑤다. 얼마 없는 소중한 에너지이기에 반드시 전해야 하는, 꼭 그러고 싶은 이들에게만 힘을 쥐어짜낼 수밖에 없다. 인간관계가 협소한 건 사실 애초에 정해진 운명이었는지도 모르겠다.

나처럼 사교성 효율이 낮은 이들은 '친구' 자격을 부여하는 데 유독 엄격하다. 친구의 경계 안으로 아무나 들이지도, 많은 사람을 들일 수도 없기에 '친구'의 정의 또한 보수적이다. (가끔은 보수를 넘어 극우라 해도 손색없다.) 물론 친구는 떠올리기만 해도 가슴이 따땃해지는 단어다. 그러면서 아무나 함부로 들이진 않으려는 차가운 벽이기도 하다. 간절히 원하나 격렬히 저항하는 모순의 벽, 이 벽을 넘어 나의 세계로 들어와줄 사람이 있다는 건 어릴 때는 막연한 낙관이었으나 점차 간절한 희망이 되었고, 지금은 냉소의 단계를 지나는 중이다.

실제로 정말 좋은 사람들이 그 벽에 부딪혔고 멀어졌다. 어떤 이는 조심스레 노크까지 해봤지만 나의 머뭇거림과 시원찮은 반응에 결국 발길을 돌렸다. 긴밀한 사이가 될 수 있었을 인연들이 끝내 이어지지 못하고, 가끔은 잘 나아가다 허무하게 끊어지고, 때로는 오해만 남긴 채 억울한 결말을 맞기도 했다. 고민하고 의심하다 겨우 관계의 시동 페달에 발을 올리려던 나는 그런 그들의 뒷모습만 허망하게 바라봤다. 하지만 딱히 아쉬워하지도, 떠나려는 손을 붙잡지도 않는다. 그저 담담히 바라보다 어찌할 수 없다며 체념한다. 떠나는 이를 탓하기보단 내가 그렇지 뭐 정도의 자책만 반복한다.

자연스레 이런저런 오해를 받는다. 사람을 가린다느니 까탈스럽다느니. 하지만 이 벽의 기원은 그런 고고함이 아니다. 경계심이다. 살면서 누구나 겪었을 법한 일련의 경험들이, 어쩌면 욕 한번 시원하게 내뱉고 털어냈어야 할 순간들이 내게는 경계의 철조망으로 남아버렸다. 지금까지 인간관계가 남긴 크고 작은 상흔을 (물론 내가 상대방에게 준 상처까지도) 또렷이 기억한다. 트라우마로 남은 몇몇 얼굴이 지금까지도 종종 머리를 스친다. 조금 가까워지자 사려 깊지 못한 말을 아무렇지 않게 뱉던 사람, 목소리 큰 사람이 이기던 시대의 애티튜드를 작금에도 꿋꿋이 이어가던 사람, 말 없고 신중한 우리의 모습을 본인에게 제압당한 결과라 착각하던 사람…. 나열하면 끝도 없을 그런 사람, 사람, 사람. 휴먼 다큐멘터리 이름이었던 '사람이 좋다'가 얼마나 SF적인 제목이었나 새삼 곱씹는다.

사람에 대한 경계가 친구를 향한 열망보다 앞서면 방어기제가 작동한다. 대개는 날카롭고 차가우며 가끔은 퉁명스럽다. 나의 경우 내향인을 유독 만만하게 보는 저열한 누군가에게 더 뾰족이 날을 세우곤 했다. 하지만 이것도 다 옛말이다. 이젠 관계의 거리두기가 한결 노련해져 정반대 방향으로 나아간다. 지금 나는 친구라고 적힌 거대한 벽에 따뜻한 색을 칠하고 아름다운 무늬를 새긴다. 사람들이 '친절'이라고 부르는 장식이다.

내게 친절은 경계의 가장 따뜻한 표현이다. 기계적인 따스함으로 처음 보는 이들과 마주하고 행여나 달려든다 싶으면 친절히 멈춰 세운다. 공허한 친절은 매번 익숙한 결말로 나를 이끈다. 어영부영 흐지부지되는 관계가 하나둘 늘어간다. 비언어적 맥락에 예민한 이들은 내 안에 공고히 자리한 마음의 벽을 포착하면 걸음을 멈춘다. 어느 정도는 예상하고 의도된 미래인데도 씁쓸한 기분을 지울 수 없다. '좋은 사람', 그 이상도 이하도 아닌 존재로 기억되겠다는 건 인간관계의 쓴맛, 단맛을 포기하겠다는 선언이다. 그러나 달고 짜고 쓴맛 없는 밍밍함은 흐리멍덩하고 맹맹한 삶을 의미하기도 한다.

애석하게도 관계의 거리두기에 만족한다. 예전보다 상처받는 일은 줄었으니 소기의 목적은 달성했는지도 모른다. 그러나 이 상황이 몹시 못마땅한 것도 사실이다. 이 선택 자체가 얼마나 모순적인지 누구보다 잘 알기 때문이다. 내게 경계심은 인간혐오의 산물이자 인류애의 증거다. 인간에게 너무 많이 실망해 생긴 자조적인 태도이면서 그럼에도 사람을 너무 좋아해 결국 그쪽을 바라볼 수밖에 없는 자기모순의 상징이다. 결국 모두에게 가드를 올린 채 의심의 눈초리를 쏘아 보내면서도 단번에 마음을 허무는 누군가에게 그 눈초리는 곧장 골든레트리버의 눈이 되고 만다.

연애 상황이 대표적이다. 누군가가 좋아지면 그 감정에 충실하기보단 먼저 의심을 한다. 내가 정말 이 사람을 좋아하는 게 맞는지, 찰나의 욕망이 사고를 흐트러뜨린 건 아닌지 의심한다. 반대 방향의 상황에서는 더더욱 뾰족해진다. 내게 호감을 표시하는 이가 있다면 우선 부정한다. 그럴 리가 없다. 나 같은 걸 좋아할 리가.

그리고 걱정한다. 내 피상적인 모습을 보고 좋아하게 된 건 아닐까. 그럴듯하게 전시되는 작가나 마케터로서의 자아에 속은 건 아닐까. 하이라이트로만 편집된 인스타그램 속 나를 보다가 일상의 다큐멘터리적 나와 마주하면 실망하지는 않을까. 그렇게 기뻐해야 할 상황에서마저 전전긍긍한다. 사랑이라는 가장 직관적이고 원초적인 감정조차 돌다리 부술 기세로 두드리는 건 이 의심의 장벽을 허물어버리면 나 또한 녹아내리기 때문이다. 모든 게 용해되어 그 사람에게 온전히 흘러버린다는 걸 누구보다 잘 알고 있다.

그렇게 한번 마음을 열어버리면 걷잡을 수 없다. 하염없이 흐르는 마음은 늘 생각지 못한 곳까지 나아간다. 올바르게 흘러 내 삶을 비옥하게도 하고 축축하게 고여 썩게도 만들며, 가끔은 이러지도 저러지도 못하다 쓸쓸히 증발하고 만다. 그게 어느 쪽이든 인간관계는 늘 거대한 감정의 흔적을 남긴다. 그래서 더 경계하고 더 친절해지기로 한다.

오늘도 친절 가면을 쓰고 사람들과 마주한다. 마음 한쪽에는 경계 태세를, 그리 멀지 않은 마음 한쪽에는 작은 기대를 품고 있다. 기대의 마음을 들여다보면

'친구'라 적힌 왕관을 손에 쥔 채 전전긍긍하는 내가 있다. 이 기약 없는 기다림 속에 나는 또다시 모순을 떠올린다. 사람, 내향인을 망치러 온 내향인의 구원자. 영화 〈아가씨〉의 대사처럼 우리를 가장 힘들게 하는 존재이자 결국 우리를 수렁에서 건져 올릴 자. 사람 사람 누가 말했나. 내향인도 말했다. 그리고 지금도 말하고 있다. 아무도 모르게 은밀히 마음속으로.

다들 안녕하신가요?

내게 삶이란 고립되지 않았다는 걸 확인하려는 몸부림이다. 나 홀로 떨어져 있지 않음을 납득하기 위해 타인의 애정을 갈망하고, 누군가에게 쓰임이 되려 애쓰고, 혼자만의 속삭임에 머물지 않도록 지금 이 순간에도 생각을 문장으로 옮기고 있다. 가끔은 그 납득을 위해 사랑을 고백하고 우정을 확인한다. 사랑받는 감각과 배려의 울타리 속에 있다는 느낌은 나를 겨우 안도하게 만든다.

물론 확인하는 과정에서 때때로 더 외로워지기도 한다. 혼자가 아님을 확신하지 못할 때, 불안과 같은 부산물이 자라난다. 특히 팬데믹 상황은 고립의 불안을 장마철 곰팡이처럼 빠르게 증식시켰다. 바이러스가 가져온 전례 없는 상황에서 우리는 단절됐고 분리됐으며 가끔은 격리됐다. 그렇게 지난 몇 년간 각자의 삶은 더 세차게, 가끔은 처연하게 몸부림쳤다.

작년 초 '클럽하우스'라는 음성 기반 SNS가 큰 인기를 끌었다. 나는 그때의 광풍이 비슷한 맥락이었다고 본다. 유행의 중심에는 어떤 절박함이 자리하고 있었다. 소통이 제한된 상황에서 고립되지 않았다는 걸 확인하려는 절박함이었다. 실제로 이 서비스를 처음 접한 이들은 가슴 벅차도록 서로를 반가워했다. 비록 목소리로밖에 만날 수 없지만 다시 열린 대화의 장은 숨죽인 채 살아오던 우리에게 한 줄기 빛이었다. 하나둘 모여든 사람들은 서로 안부를 묻고 안녕을 바랐으며, 묵혀뒀던 이야기들을 쏟아냈다. 살아낸 이야기와 일상을 공유했고 특정한 주제 아래 삼삼오오 모여 토론을 이어갔다. 취향을 교집합 삼아 커뮤니티를 형성했고, 그 안에서 공감과 위로를 건넸다. 이 모든 건 부분적으로나마 일상의 회복을 의미했다. 내 말을 들어줄 이가 있다는 것, 말을 건넬 대상이 있다는 것. 더불어 그 모든 대화가 실시간으로 이뤄진다는 점에서 클럽하우스는 충분히 납득할

만한 유행이었다.

나 또한 다르지 않았다. 하루 종일 휴대폰을 놓지 못했고 스트렙실을 먹어가며 했을 만큼 이 서비스에 푹 빠져 지냈다. 그러나 익숙한 씁쓸함과도 마주해야 했다. 클럽하우스 역시 내향적인 사람이 즐기기에는 쉽지 않았다. 서비스의 구조를 간단히 살펴보면 우선 한 사람이 이야기 나누고 싶은 주제로 방을 연다. 방장을 팔로잉하고 있거나 알고리즘에 의해 내 타임라인에 노출된다면 누구든 방에 들어갈 수 있다. 대화방에 모인 사람들은 크게 세 부류로 나뉜다. 청중 역할을 하는 리스너, 대화의 일원으로 참여하는 스피커, 마지막으로 스피커뿐 아니라 방의 운영과 관리까지 담당하는 모더레이터.

우선 방에 들어가면 리스너로 시작한다. 대화에 끼고 싶거나 주제에 대해 할 말이 있으면 손들기 버튼을 누르면 된다. 모더레이터는 손든 참여자를 스피커로 올릴 수 있다. (반대로 이상한 헛소리를 하는 자는 음소거하거나 리스너로 내려보낼 수 있다.) 정리해보면 말을 하기 위해서는 손을 들어야 하고 방장으로부터 컨펌을 받아야 하며 많을 때는 몇백 명이나 되는 청중 앞에서 입을 떼야 한다. 비대면이란 점만 제외하면 우리가 겪어온 환경과 그리 다르지 않다. 다시 말해 내향인에게는 마음의 품이 꽤 드는 일이다.

실제로 클럽하우스는 외향인들의 페스티벌이었다. 처음 만난 사람과도 친근히 말을 섞고 어떤 주제로도 대화를 척척 이어나갈 수 있는 이들이 흐름을 이끌었다. 그 화려한 대화 속에 낀다는 건 여간 부담스러운 일이 아니었다. (이런 '그들만의 리그' 이미지는 이후 사람들이 클럽하우스에 흥미를 잃게 된 이유가 되기도 했다.) 잘 알고 있거나 할 말 많은 주제라면 눈 질끈 감고 손들어볼 수는 있었다. 하지만 일대일이 아닌 다대다의 대화는 늘 골치 아픈 경험이었다. 무슨 말을 할지 차근히 정리한 후 겨우 손들어 스피커가 됐는데, 이전 순서의 누군가가 내 할 말을 다 해버리면 바로 멘붕에 빠졌다.

게다가 실시간 대화는 말 그대로 살아 있는 날것이었다. 여러 사람을 거치며 대화 주제가 달라지는 건 흔한 일이었고, 모더레이터가 엄격히 통제하지 않는 곳에서는 순서 없이 수십 명의 스피커가 중구난방 각자의 말을 쏟아냈다. 시끄러운 회식 스타일 대화를 꺼리는 내게, 특히 매번 대화의 흐름을 좇아 안테나를 한껏 세우는 내향인에게 클럽하우스는 여러모로 적응하기 어려운 플랫폼이었다.

그러던 어느 날, 감히 용기를 내보기로 했다. 인싸 싸움에 고래등 터졌을 내향인들을 떠올리며 감히 방 하나를 열어보기로 한 것이다. 고작 그런 결심에 '용기'라는 단어와 '감히'라는 수식어를 왜 동원하는지 의아하겠지만 사소한 결정 하나에도 온갖 경우의 수를 다 따지는, 특히 새드 엔딩 시나리오 집필에 최적화된 나로서는 꽤 과감한 도전이었다. 방제도 정해봤다.

"인프제(INFJ) 여러분 안녕하신가요?"

내 MBTI 유형인 INFJ들에게 보내는 러브콜이자 소심한 초대장이었다. 표면적인 이유는 현실 세계에서 도저히 INFJ를 찾을 수 없어서였다. 아무리 소수에 속하는 유형이라곤 하나 환상 속 유니콘처럼 일상에선 만나볼 수조차 없는 그들이었다. 더욱이 소셜 활동이라고는 전무한 삶을 살고 있기에 못 찾는 게 당연했을지도. 하지만 바꿔 생각하면 인프제 여러분도 다들 집에 누워 있느라 안 보인 걸 테니…. 우리 무승부로 하지 않을래?

더불어 그 이면에는 삶의 근원적인 고민 또한 담겨

있었다. 앞서 말한 고립된 존재가 아니길 바라는 마음, 어딘가 나와 비슷한 존재가 있었으면 하는 바람이었다. 그런 의미에서 인프제, 그리고 내향인을 위한 방을 연다는 건 나 여기 있다고 소리나 한번 질러보자는 의지였다. 텅 빈 공감과 수박 겉핥기식 응원이 아니라 머리를 맞댄 채 진심으로 이해하고 공감할 수 있는 사람을 갈망했다. 물론 이런 거창한 목표가 아니어도 괜찮았다. 유행이라니까 들어와보긴 했는데 외향인들의 기에 눌려 아연실색했을 내향인들에게 피신처 역할만 해주어도 충분했다.

다행히 외로운 시작은 아니었다. 내 유일한 인프제 지인이자 절친한 회사 동료가 함께해주기로 했다. ('절친한'이란 표현을 써도 될지 썼다 지웠다 열 번 정도 반복했지만 그도 그리 생각해주길 바라며 원안으로 남겨둔다.) 덕분에 내딛는 발걸음이 조금은 가벼워졌다. 그리고 그 가벼움만큼 기대는 절대 하지 않기로 했다. 무언가를 시작하면 행복 회로보다 멸망 회로를 가열차게 돌리는 나이기에 너무 민망한 숫자만 아니길 바랐다. 디데이가 되자 기대는 더 바닥으로 향했다. 많이도 필요 없고 한두 명이면 충분했다. 이 방을 계기로 한둘이라도 알게 된다면 이미 그것만으로 기적 같은 일 아니겠나. 그렇게 2021년 2월 9일, 두근거리는 마음으로 인프제 방의 문을 열어젖혔다.

108, 641, 52, 415, 51.

그날이 남긴 숫자들이다. 주말 황금시간대 셀럽들의 틈바구니에서(예를 들면 김하나-황선우 작가님 같은 분들) 동시 접속자가 최대 108명까지 기록됐다. 대화방에서 오간 이야기를 요약해 다음 날 올린 인스타그램 포스팅은 라이크 수 641개, 댓글 52개와 저장하기 415개를 기록했고, 이 게시물로 새로 추가된 팔로워만 51명이었다. 물론 인플루언서의 몸짓 한 번에 비하면 너무도 미약한 숫자지만 우리에게는 꽤 의미 있는 수치였다. 애초에 같은 유형을 도무지 찾을 수 없어 열게 된 배경을 생각하면 100명을 훌쩍 넘긴 그날의 인연들은 실로 놀라운 결과였다. 그리고 첫날의 성과는 숫자만으로 기억되지 않았다. 유대감과 동질감, 거대하고 단단한 마음의 연대가 우리에게 남았다. 다음 주도, 그다음 주도 일요일 밤마다 인프제 방은 문을 열었다.

지금도 선명히 기억하는 건 사람들의 목소리다. 어린 시절 똑같은 발성 학원에 다닌 듯 스피커로 올라온 모든 내향인은 톤 다운된 차분한 음성의 소유자였다. 새벽 라디오 방송을 듣는 듯한 조곤조곤함은 이후 인프제 방의 규모가 커지는 데 나름의 기여를 하기도 했다. (불면증 치료에 직빵이었다는 친구의 후기가 기억에 남는다.) 클럽하우스에서 흔히 보이는 격앙된 하이 텐션을 적어도 이곳에서는 찾아볼 수 없었다. 세상 나긋한 사람들의 목소리만 가득했고 '잘 자요'만 안 했을 뿐 우리는 모두 한밤의 성시경이고 김이나였다.

또 다른 특징이라면 사람들 사이에 오가는 어마어마한 조심스러움이었다. 클럽하우스도 결국 익명으로 돌아가는 SNS이기에 어김없이 선 넘는 사람이 등장한다. 아무 말이나 뱉거나, 상대 의견을 묵살하거나, 심지어 혐오 발언을 개똥철학과 함께 싸지르는 이도 종종 목격됐다. 놀랍게도 인프제 방에서는 정말 단 한 번도 그런 일이 벌어지지 않았다. 스피커들의 언어를 들여다보면 '제 생각은' '제가 보기에는' '~ 같다' '~일 수도 있겠다'와 같은 표현이 유독 많다는 것도 확인할 수 있었다. 작은 의견이라도 내가 틀릴 수 있음이 항상 전제됐고 다른 견해가 들어올 틈을 언제나 활짝 열어둔 대화가 지속됐다. 무언가를 단언하거나 당연한 사실로 규정하는 사람도 없었다. 자연스레 고집부리는 사람도, 궤변을 늘어놓는 이들도 보이지 않았다. 오가는 말 속에는 혹시 내 발언이 누군가를 아프게 할까 봐 살얼음 위를 걷는 듯한 조심스러움이 가득했다. 내향인들이 말에 싣는 무게를 피부로 느낀 경험이었다. 동시에 그 무게가 안기는 부담과 불안이 문장 곳곳에 스며들어 있음에 안타까운 마음이 들기도 했다. 지금 생각하면 우리, 더 자신감을 가져도 될 것 같다. 조심 안 해도 안 죽는다. 어떻게 보면 인프제 방에서 가장 겁 없다고 볼 수 있는 나조차도 지금까지 잘 살고 있다.

조심스러움은 생각지 못한 곳에서도 드러났다. 인프제 방의 가장 독특한 모습이기도 했는데, 한 사람이 이야기를 시작하면 다른 스피커들이 모두 음소거하는 문화였다. 누군가 말을 시작하면 정말 약속이나 한 듯이 다들 숨을 죽였다. 무대 위 스포트라이트가 오직 한 사람에게만 비춰지게 하는 우리 나름의 배려였고, 행여나 소음이 섞여 들어가는 등의 문제로 타인에게 폐를 끼칠까 걱정하는 마음이었다. 누구든 손을 들면 스피커로 올렸기에 종종 외향인이 스피커로 참여하는 경우도 있었는데, (대부분 애인이 인프제 혹은 내향인인데 도통 속을 모르겠다는 고민 상담이었다.) 리액션 대신 침묵, 정확히는 경청하는 우리의 모습에 늘 적잖이 당황하시곤 했다. 혹시 지금 제 말을 듣고 있냐며 중간중간 계속 확인하는 바람에 웃음이 터졌던 기억도 난다.

잠깐 옆길로 새면, 인프제 방에 들어온 외향인 입장에서는 충분히 그럴 만했다. 인프제 방을 준비하며 사전 답사차 다른 MBTI 방을 탐방했는데, (대부분이 E 유형들의 방이었다.) 별 대단치 않은 이야기에도 일단 리액션부터 발사하는 그들에게 깜짝 놀라곤 했다. 특히 ENFP(엔프피) 방은 인프제 대화방과 정반대의 데칼코마니였다. 기본적으로 엔프피 방에는 스피커가 20~30명씩 존재했다. 할 말이 있든 없든 일단 스피커로 올려달라고 손드는 게 자연스러운 문화였다. 100명 넘게 들어와도 스피커는 고작 4~5명 선을 유지하는, 할 말 다 하고 나면 리스너로 자진해 내려가는 인프제 방 사람들과 극단적으로 대조되는 모습이었다.

게다가 엔프피 방은 스피커 수십 명이 모두 소리를 열어둔 채 대화를 이어갔다. 대화가 물리는 상황은 허다했고 여기저기서 터지는 리액션과 웃음소리에 스피커의 말이 묻히는 건 흔한 일이었다. 온갖 소리의 잔해

들을 뚫고 말을 이어가다 보니 시간이 갈수록 방의 데시벨은 점차 높아졌다. 결국 도저히 통제가 안 되는 지경에 이르기도 했는데 그땐 모더레이터가 제발 좀 조용히 하자는 사자후로 혼란을 진압했다. 리스너로 참여하는 내내 이게 지금 대화가 되고 있는 게 맞나 의심했지만 끝내 아슬아슬히 소통을 이어가는 걸 보며 이게 바로 인싸들의 대화인 걸까 감탄했던 기억이 난다. 그렇게 강한 자만이 살아남는 대화방에 있다가 인프제 방에 오면 당황할 수밖에.

그런데 사실 따지고 보면 진짜 이상한 건 우리였다. 클럽하우스가 지향하는 바에 어떤 것도 부합하지 않지만 같은 세계 사람을 만난다는 즐거움에 매주 대화를 이어가는 우리야말로 이 생태계 속 변종에 가까웠다. 동시에 우리는 현생에서의 변종이기도 했다. 지금껏 자기 자신을 그렇게 인지하고 정의해왔다. 다름을 인정받지 못하고 가끔은 묵살되는 현실에 그저 끙끙대며 삭혀온 존재들이었다. 그래서 이 방의 의미가 남달랐다. 녹록지 않은 현실에 저항조차 하지 못하고 되레 모든 걸 자기 탓으로 돌려온 인프제들에게 새로운 관점을 부여하는 경험이었다.

"저는 저만 그런 줄 알았어요."

석 달 남짓 운영한 인프제 방에서 우리가 가장 많이 반복한 말이다. 많아도 너무 많은 생각, 이로 인해 잠 못 드는 밤, 쓸데없이 강한 신념과 불행을 자처하는 완벽주의, 나에게만 들이대는 엄격한 잣대, 그로부터 비롯되는 자기파괴적인 마음, 마지막엔 도어슬램으로 대표되는 관계 유지의 어려움, 잘 놀다가 집에 갈 때는 혼자 가려는 이상한 심리, 회사 생활 하며 겪는 어려움과 타인에게 받는 억울한 핀잔, 하다못해 다들 신경성 위염을 달고 사는 웃픈 현실까지. 방에 들어온 수백 명은 각기 다른 삶을 살면서 동시에 똑같은 삶을 살고 있었다.

나의 유별남이 적어도 인프제 방에서만큼은 보편적인 우리의 모습으로 받아들여졌다. 그렇게 소름과 감탄, 탄식, 공감, 가끔은 눈물까지 터져 나오는 일요일 밤이 차곡차곡 쌓여갔다. 그건 경험해본 적 없는 소통의 밤이자 집단 치료의 시간이었다. 음소거한 채 상대방 말에 귀 기울이고 진심으로 공감하며 서로를 보듬는 밤이었다. 인프제 방을 처음 기획하고 모더레이터로 참여했다는 이력이 내게는 꽤 거대한 자부심이자 자신감으로 자리하게 된 이유다.

첫 문장을 반복해본다. 내게 삶이란 고립된 존재가 아님을 확인하려는 몸부림이다. 인프제 방도 그 몸부림 중 하나였다. 하지만 어느새 몸부림은 신명 나는 춤이 되어 있었다. 클럽하우스는 늘 의심하고 불안에 떠느라 경직돼버린 내 삶에 울려 퍼지는 댄스음악이었다. 몸부림치던 나를 따스히 붙잡으며 그러지 않아도 된다고 타이르는 손길이었다.

의심이 있던 자리에는 희망이 들어찼다. 혼자가 아니라는 희망이다. 늘 겉돈다는 느낌을 품고 사는 이에게 나와 비슷한 존재를 확인하는 것만큼 힘이 되는 일은 없었다. 우리의 발견은 눈물 날 정도의 반가움으로, 반가움은 자연스레 마음의 연대로 이어졌다. 느슨한 연대긴 하나 홀로 고꾸라지지 않을 거라는 단단한 믿음이었다. 우리는 더는 혼자가 아니었다. 우리가 머물렀던 흔적이 지금도 한 명 한 명의 마음 언저리에 희미한 자국으로 남아 있길 바란다. 우리가 했던 마지막 인사처럼 부디 각자의 편안함에 이르시길 빈다. 나도 용기 내 나의 삶을 살아가고 있다. 덕분이다.

에필로그

어디에든 있는 존재

지난 대통령선거는 25만여 표, 고작 0.73% 차이로 희비가 갈렸다. 국민의 80%가 참여한 투표에서, 그것도 양강 후보가 전체 득표율의 95%를 차지한 투표에서 그 격차가 1% 미만이라는 건 약간의 놀라움과 여러 생각을 남긴다. 조금 뭉툭한 상상이긴 하나 지금 밖에서 마주치는 사람 중 절반은 1번을, 나머지 절반은 2번을 찍었다 해도 터무니없는 말까진 아닐 것이다. (물론 과격하게 일반화해서 그렇단 이야기다.)

1번과 2번 지지자 사이 간극을 생각하면, 어떤 이에게는 지난 대선 결과가 꽤 무섭게 다가오지 않았을까. 서로가 서로에게 가지는 뒤틀린 선입견이 무색하게, 길

위의 사람들은, 분명 다른 번호를 찍었을 그중 절반의 사람들은 너무 평범하다. 평범한 얼굴로, 평범하고 예측 가능한 하루를 산다. 재밌게도 정치 얘기에 늘 핏대 세우는 친구 M은 오히려 그래서 더 무던해졌다고도 한다. 이름을 지운 공간에서 매일 펀치를 주고받지만 현실 세계는 그러거나 말거나 참 무탈히 작동함을 확인해서란다. 그럼에도 다들 얽히고설켜 이렇게 잘 살아가고 있지 않느냐고.

친구의 말에 잠시 생각에 잠겼다. 내향인과 외향인, 세상의 삼각관계 또한 이와 비슷하다고 느꼈기 때문이다. 흔히 떠올리는 외향과 내향 사이 무지막지한 간극을 뒤로한 채, 우리는 평범한 얼굴로 덤덤히 세상의 절반씩을 차지하고 있다. 내향인이란 세 글자에 담긴 짙은 선입견에도 불구하고, 다들 어디서든 볼 수 있는 흔한 얼굴로 너나없이 평범한 일상을 산다. 다만 절반의 지지를 나눠 가졌음에도 한쪽만이 모든 걸 거머쥔 지난 대선처럼, 내향인도 그들이 점유하는 비율만큼의 목소리는 내지 못한다. 많은 부분에서 반대편 절반의 기준에 적당히 순응하고 소심히 저항하고 끝내 타협하며 살아왔다.

예전이라면 꽤 억울했을 수도 있겠다. 절반이면서 소수로서 살아가는 현실을 개탄하며 당당히 고개 들어야 한다고 (속으로) 소리쳤겠지. 하지만 나이 들며 유해진 건지 유해진 아저씨처럼 사람 좋은 웃음만 지을 뿐이다. 이제는 세상 절반이 내향인이라는 데 억울해하기보다 가슴을 쓸어내린다. 매일 마주치는 이들이 어떤 얼굴이든, 어떤 모습으로 내 앞에 서 있든, 그중 절반이 실은 나와 같은 부류라는 데서 힘을 얻는다.

내향인은 어디에든 존재한다. 내향인은 유별난 이들이 아니다. 그만큼 유달리 불행하지도 않다. 그저 평범한 얼굴로 묵묵히 매일을 살아가는 존재들이다. 언뜻 자조처럼 보여도 나는 이 특별하지 않음에서 안도한다. 그렇기에 고개 들어야 한다거나 더 큰 목소리의 당위성을 찾지 않는다. 인생은 고개 높이 들기 게임도, 데시벨 경쟁도 아니기에. 특별할 것 없는 우리는 그저 무심히 각자의 삶을 나름의 방식으로 살아내면 그만이다.

누군가에게 무심함은 성의 없음의 결과다. 생각하지 않고, 배려하지 않고, 신경 쓰지 않는 것. 그러나 대개의 내향인에게는 온 힘을 다해야 겨우 얻을 수 있는 천금 같은 마음이다. 그래서 내일은 꼭 어제보다 더 무심해지자는 응원을 보낸다. 매일이 난제인 내향인의 삶이라지만 그 어려움을 인정하며 담담하고 꿋꿋하게, 동시에 무심히 펜을 들어 다시 차근히 풀어보는 태도를 권해본다. 어느 평론가의 말처럼 하루하루는 성실히, 인생 전체는 무심히 되는 대로.

오늘도 일행에서 홀로 떨어져 고독한 귀갓길을 택한 내향인 A,

내내 쓰린 속을 부여잡다 집에 와서야 개비스콘 아저씨처럼 미소 짓는 내향인 B,

피곤한 와중에도 기어코 침대맡으로 팔을 뻗어 책 한 권을 손에 쥔 내향인 C,

유튜브에서 MBTI 공감 영상을 보며 혼자가 아니라고 위로받는 내향인 D,

불 꺼진 암흑 속에서 10년 전 상처 준 그 사람의 얼굴을 떠올리는 내향인 E,

짝사랑 중이지만 머릿속에선 이미 3차 연애 시뮬레이션을 돌리고 있을 내향인 F,

오늘 하루 아무것도 제대로 해낸 게 없다고 좌절하는 내향인 G,

그리고 이 모든 게 다 내 이야기 같다는 내향인 H.

오늘 하루도 수고 많으셨다. 지금 이 글을 쓰고 있는 또 한 명의 내향인도 이제 눈을 감고 하루를 끝마친다. 나도 당신도 안온한 밤이길. 내일도 길 위의 절반으로, 어디에든 있는 사람으로 다시 만납시다.

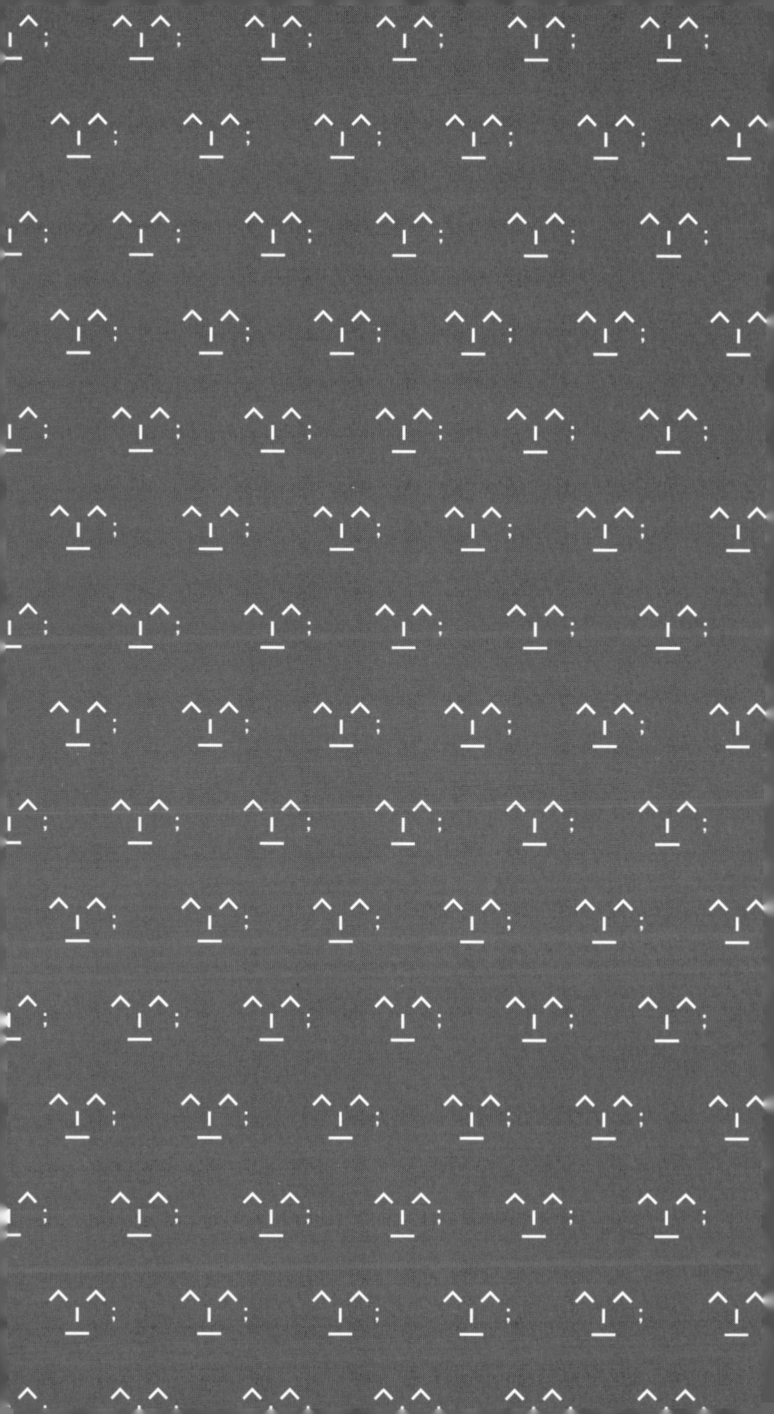

!}

낯가림의 재능

내향인에 대하여

초판 1쇄 인쇄 2022년 10월 30일
초판 1쇄 발행 2022년 11월 10일

지은이 김상민
발행인 박효상
편집장 김현
시리즈 책임기획·편집 윤정아
디자인 이지선
마케팅 이태호 이전희
관리 김태옥

종이 월드페이퍼 | 인쇄·제본 예림인쇄 바인딩 | 출판등록 제10-1835호
펴낸 곳 사람in | 주소 04034 서울시 마포구 양화로11길 14-10(서교동) 3F
전화 02) 338-3555(代) | 팩스 02) 338-3545 | E-mail saramin@netsgo.com
Website www.saramin.com

왼쪽주머니는 사람in의 단행본 브랜드입니다.
책값은 뒤표지에 있습니다.
파본은 바꾸어 드립니다.

ISBN 978-89-6049-979-9
978-89-6049-909-6 04810 (세트)